超圖解 馬達技術入門

從馬達的種類、運轉原理到應用方式，一本完整掌握！

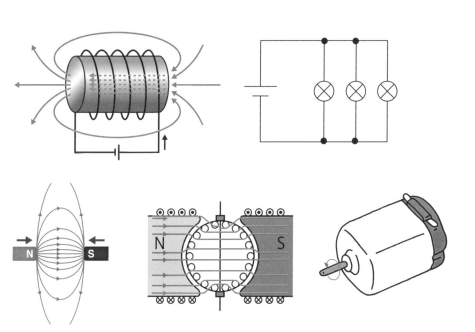

森本雅之／著　　陳朕疆／譯

前言

各位，你覺得「馬達」是什麼樣的東西呢？

聽到這個問題，一般人應該都會回答「馬達是一種**會轉動的機械**」吧。沒錯。但更精確地說，馬達是一種「**能轉動其他東西的機械**」。換句話說，馬達是為了轉動其他東西的機械，或者說是**驅動某個東西的機械**。

驅動摩托車、快艇的是引擎。汽車、船也是靠引擎驅動。引擎是「驅動某些東西」的機械，而事實上這就是馬達的原意。嚴格來說，馬達指的是**原動機**或是**動力裝置**。原動機是**將燃料等各式各樣的「能量」轉換成機械性「運動」的裝置**。其中，以電力驅動的原動機，一般稱作馬達。馬達的英文為electric motor，即電動馬達。本書所說明的馬達，皆為電動馬達。

在50年前左右，家中的馬達數量就代表了生活的富裕程度。代表性產品包括**電動洗衣機**、**電冰箱**等。現在我們會直接稱其為洗衣機與冰箱，但當時會特別加上「電」這個前綴。因為當時的家庭很少會用到馬達，大部分的電力都用於照明。當時若提到電，一般人第一個想到的是照明用電，很少人會想到要把電用在照明以外的機械上。

不過到了今日，家中使用的各種電器幾乎都有用到馬達。冷氣、吸塵器等家電內部都有個大瓦數的馬達。而即使是智慧型手機或電腦等乍看之下沒有在「動」的機械，其實也都有用到馬達。究竟一個家庭中有多少個馬達呢？我們已經很難算出正確數字了。

數年前曾有一份研究調查「日本發電所產生的電力，最後都用在什麼地方」，結果發現，日本一年的總發電量中，**約有60%的電力最終都用於馬達**。也就是說，一半以上的電力都用來讓某個東西運動。這表示，如果我們能改善馬達的效率，減少電力的使用，就能減少發電量，改善CO_2排放等環境問題。馬達不只是**生活中不可或缺的機械**，也是幫助我們**打造出美好社會的利器**。

　　本書會介紹馬達的**原理**、**種類**、**使用方式**。希望各位在深入瞭解馬達是什麼之後，能聰明有效地運用馬達，使社會上所有人過得更為便利。

　　2022年9月

森　本　雅　之

本書的目標讀者

　　本書的目標讀者為對馬達有興趣的廣大群眾。具體而言，我們推薦以下讀者閱讀本書。

- 非專精於馬達的工程師
- 非馬達相關產品的技術人員
- 不擅長物理或數學的理組大學生
- 考慮就讀理組科系的高中生
- 喜歡機械的人

本書結構

　　本書由以下7個Chapter構成。

Chapter 1　馬達是什麼？

Chapter 2　馬達的基礎！DC馬達

Chapter 3　克服缺點！無刷馬達

Chapter 4　目前的主流！AC馬達

Chapter 5　進化後的AC馬達

Chapter 6　更多馬達！各式各樣的馬達

Chapter 7　有助於挑選馬達的知識

　　在**Chapter 1**中，我們會說明學習馬達時必要的電磁現象基礎知識，以及馬達旋轉的機制。在**Chapter 2**中，我們會說明基本DC馬達的運作機制。在**Chapter 3**中，會說明克服了DC馬達缺點的無刷馬達。在**Chapter 4**與**Chapter 5**中，會說明近年成為主流的AC馬達。在**Chapter 6**中，我們會從各式各樣的馬達中，挑出一些馬達介紹。在**Chapter 7**中則會進一步詳細說明**Chapter 6**以前提到的各種概念。

CONTENTS

Chapter 3 克服缺點！無刷馬達

Chapter 4 目前的主流！AC馬達

Chapter 5 進化後的AC馬達

Chapter 6 更多馬達！各式各樣的馬達

Chapter

7 | 有助於挑選馬達的知識

1

馬達是什麼？

馬達是將電力轉換成旋轉力，轉動某個東西的機械。在 **Chapter 1**一開始，先讓我們學習馬達力量的來源、電力與磁力的基礎，以及馬達的旋轉機制。

1 馬達是「能轉動其他東西的機械」

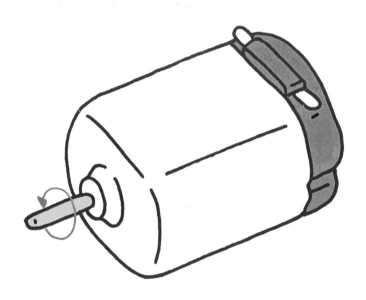

馬達是**用電力轉動其他東西的機械**。一般情況下，不會只有馬達轉動。馬達一定會轉動某個東西，而這個東西就叫做**負載**。或者說，馬達的功能就是配合負載的性質或狀態轉動負載。以下列出幾個具體的例子。

以電車為例，馬達轉動車輪後，可讓電車前進。此時馬達的工作就是**轉動車輪而已**。電車是在車輪的帶動下往前或往後移動，而不是由馬達直接帶動。另外像是泵浦抽水往上時，馬達**只是轉動泵浦而已**，將水往上抽是泵浦的功能，而非馬達的功能。

綜上所述，馬達所做的只是轉動負載。**將馬達的轉動轉變成各種功**[※1]，是負載機械的功能。

而且馬達不只能轉動負載，在適當的情況下，也能夠用於制動（**參照** ⑭）。若設定馬達緩慢轉動，那麼在汽車下坡時，就可以發揮制動效果，阻止汽車加速。

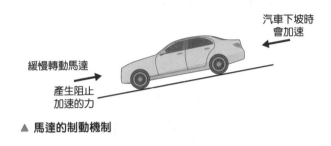

汽車下坡時
會加速

緩慢轉動馬達

產生阻止
加速的力

▲ 馬達的制動機制

　　馬達旋轉時，**會將電能轉換成動能**。電能會在馬達的內部轉換成磁能，也就是**用電力與磁力產生旋轉的力量**。

　　要說明這種旋轉機制，需要瞭解電力與磁力，也就是**電磁現象**的相關知識。Chapter 1的目標就是讓讀者進一步瞭解電磁現象，說明「為什麼馬達會轉動」。如果要瞭解我們生活周遭的馬達，就先從原理開始學起吧。

1

馬
達
是
什
麼
？

※1　這裡說的「功」，指的是物理學中移動物體時需要的能量。詳情請參照「⑧旋轉的力量，轉矩是什麼？」。

3

2 沒有馬達就無法正常生活！

提 到「靠馬達動起來的東西」時，你會想到哪些機械呢？首先應該會想到汽車或電梯這種肉眼看得到它在動的東西吧，但靠馬達動起來的機械不只這些。我們的生活中到處都有馬達，甚至可以說要是沒有馬達的話，我們就沒辦法正常生活。這裡就讓我們從一整天的作息確認各個時段中，馬達分別活躍於哪些領域。

• 早晨，**智慧型手機**會發出聲音與震動。手機的震動功能就是靠內部的超小型馬達實現。

• 起床後要洗臉。在馬達驅動泵浦後，泵浦才能將**自來水**往上抽至家中。洗完臉後，從**冰箱**中拿出冰牛奶與穀片當作早餐。冰箱內

的冷氣需要靠馬達驅動。

- 出門上班。車站內的**電扶梯**需要靠馬達驅動，**電車**也需要靠馬達驅動。

- 抵達公司後啟動**電腦**。按下電源之後，電腦會發出呼 —— 的聲音，這是馬達驅動風扇旋轉以冷卻電腦的聲音。
- 回家時搭乘**計程車**。不管是**電動車**還是**引擎車**，都會搭載數十顆馬達。
- 回家後打開電視，看到**無人機**的空拍影像。無人機沒有馬達的話就飛不起來。

綜上所述，我們四周隱藏著數不清的馬達，維持我們的生活。

3 磁鐵之力＝磁力

馬達需靠**磁力**才能運轉。磁力為磁鐵的力量，磁鐵可以透過磁力**吸引或排斥周圍的磁鐵與鐵**。馬達會利用磁力產生旋轉的力量。聽起來很像是在繞遠路，但實際上並非如此。首先讓我們來看看磁鐵是什麼東西吧。

磁鐵之所以能夠吸引鐵，是**因為鐵暫時變成了磁鐵**。磁鐵靠近時，鐵會生成**磁極**，與磁鐵的磁極彼此吸引。這種使鐵產生磁極的現象稱作**磁感應**，磁感應產生磁極的過程稱作**磁化**。如果鐵遠離磁鐵，磁化就會減弱，吸引力也會變小。我們會在**專欄2**中詳細說明磁化是什麼。

磁鐵會影響其周圍的環境，磁感應就是其中一個例子。磁鐵影

響所及的空間稱作**磁場**。容易被磁場磁化，而且拿掉磁場後也會留下強烈磁化效應的物質稱作**永久磁鐵**。永久磁鐵常用於馬達。

我們可以用**磁力線**來說明磁力的生成機制。磁力線是一種從N極出發，回到S極的假想線段（下圖中的橘線）。磁力線的方向表示磁場的方向，磁力線的密度表示磁場的強度。在此條件下畫出的磁力線有2個性質，分別是**磁力線會趨於伸直並收縮**，以及**同方向的磁力線會彼此排斥**。因為有這2個性質，所以會產生如下圖般的**吸引力**與**排斥力**。

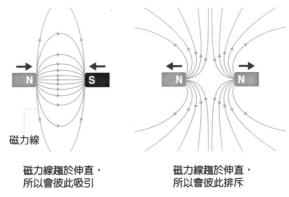

磁力線

磁力線趨於伸直，
所以會彼此吸引

磁力線趨於伸直，
所以會彼此排斥

▲ **磁力線趨於伸直，所以會產生吸引力或排斥力**

磁場為「受磁鐵影響的空間」，因此即使是不存在磁鐵與對象物品的真空空間，也可能會受到磁鐵影響而有磁場。

另外，物理學中有所謂的**磁通量**。磁通量為磁力線的數目，磁力線的密度則稱作**磁通量密度**。

4 電流周圍會產生磁場

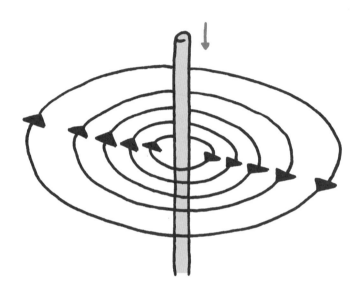

電流通過時，周圍會產生磁場。
當電流為直線狀流動時，周圍
的磁場會呈**同心圓狀**[※2]分布。此時，
我們會用**電流外側一圈圈的磁力線**來
表示磁場。離電流越近，磁場越強；
離電流越遠，磁場越弱。

我們可以用**右手螺旋定則**來說明
磁場與電流的方向。當電流朝著螺絲

磁場方向

電流方向

▲ 環狀電流產生的磁場

※2　同心圓指的是2個以上，擁有相同圓心的圓。「呈同心圓狀分布」就像樹幹的年輪一樣，由多
個不同半徑的同心圓構成。

的尖端前進時，磁場的方向便與螺紋相同。

　　那麼不是直線前進的電流，磁場又會如何分布呢？若電流為環狀流動，周圍也會產生同心圓狀的磁場。由於電流為圓形，因此周圍產生的磁場可以看成是**2個同心圓合成**後的結果（第8頁的圖）。如果將繞一圈的電流視為一片圓板，那麼磁力線就會從圓板的一側竄出，再從另一側回來。

　　如果將電線纏繞成**線圈**，線圈會形成什麼樣的電流呢？此時會產生許多**環狀流動的電流彼此重疊**（下方左圖）。

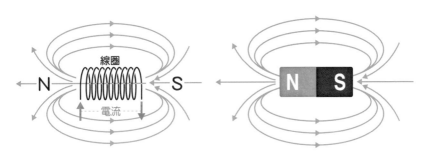

▲ 線圈的電流產生的磁場　　　　▲ 棒狀磁鐵周圍的磁場

　　磁力線會從線圈左端竄出，再回到線圈右端。此時，可**將線圈左端視為N極，右端視為S極**。這種磁場的形狀與棒狀磁鐵周圍的磁場（上方右圖）十分相似。

　　由電流產生的磁場，以及由磁鐵產生的磁場，都有其形狀與大小。通電後會產生磁場的磁鐵稱作**電磁鐵**，電磁鐵與永久磁鐵皆會以磁場影響周圍。馬達就是靠著電磁鐵或永久磁鐵所產生的磁場來運轉。

5 由電力與磁力構成的電磁力

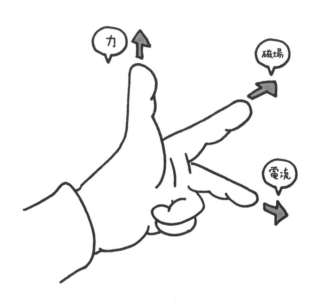

當 電流通過磁場中的**導體**（可導電的物體）時，導體會受到力的作用。我們可以用磁力線來說明這個現象。

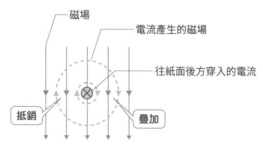

▲ 由上而下的磁場，以及導體產生的磁場

10

如第10頁的圖所示，假設有個由上而下的均勻磁場。與磁場垂直的方向上，有個電流沿著導體流動。在第10頁的圖中，電流從紙面前方穿入後方。此時電流所產生的磁場以電流為圓心呈同心圓狀分布，以順時鐘方向旋轉。這2個磁場合成後會發生什麼事呢？

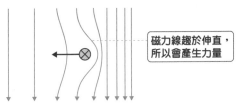

磁力線趨於伸直，
所以會產生力量

▲ 2個磁場組合後形成的合成磁場

　　當2個磁場合成時（**合成磁場**），電流左側的磁力線彼此方向相反，因此磁場會變弱；電流右側的磁力線方向相同，因此磁場會變強。換句話說，**電流左側的磁力線較稀疏，右側較密集**。磁力線會為了避開電流而彎曲。

　　此時，因為磁力線有「趨於伸直並收縮」的性質（ **參照** ③ ），所以右側彎曲的磁力線會傾向伸直。於是便會產生一股力量，使通電導體往左方移動。這就是磁場與電流所產生的力，稱作**電磁力**。

　　馬達是由電流與電磁力驅動的機械。換句話說，馬達旋轉的動力就是來自電磁力。

　　電磁力的方向可以用**弗萊明左手定則**來說明。如第10頁的插圖所示，若左手中指為電流方向，食指為磁場方向，那麼拇指就是受力方向。

6 為什麼馬達會旋轉？

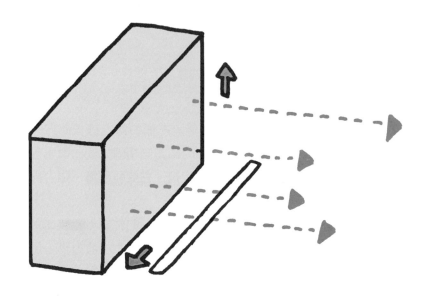

馬達之所以會旋轉，是因為馬達內部的**磁場方向與電流方向會保持垂直**。上方插圖為馬達局部的剖面圖。

插圖中磁鐵的磁場方向為**由左往右**。磁場中有一個與磁場方向垂直的導體。如果導體內的電流如箭頭所示，那麼這個導體就會受到一個往上的力量。若僅是如此，導體只會一直往上前進。

讓我們試著用這種力來旋轉導體吧。

首先，再追加另一個導體。如第13頁的圖所示，將導體配置成「ㄈ字形」，並通以相同大小的電流，右側導體的電流方向便與左側導體相反。於是，右側導體就會受到一個往下的力。右側與左側所受的力量方向相反，若固定「ㄈ字形」的正中央為軸，「ㄈ字

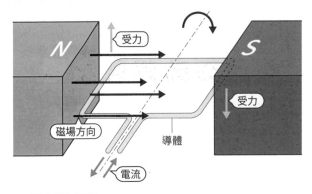

▲ 靠電磁力旋轉

形」導體就會產生一個**旋轉的力量**。

　　在這樣的配置下，**電流就會產生旋轉的力量**。這就是**馬達旋轉的原理**。

　　當然，在這種配置下，馬達轉不到半圈就會停下來。若要讓它成為持續轉動的馬達，還要再多加一點工夫才行。

　　看到這裡，可能有人會想問「只要有一個導體，就能產生轉動的力量嗎？」沒錯，即使只有一個導體也能產生轉動的力量。但只有一個導體時，無法讓它持續轉動。若想讓馬達持續旋轉下去，圓周上至少要有3個導體才行。

7 馬達轉動時會發電

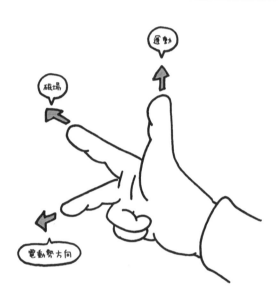

磁場與電流可以驅動馬達，不過磁場還有一個重要的角色。那就是**磁場存在時會產生電**。馬達旋轉時，馬達內部其實也在發電。

　　導體在磁場內移動時，導體內部就會產生電壓。這個電壓稱作**電動勢**（感應電動勢）。產生電動勢，就表示產生了電力。

　　當導體的運動方向與磁場垂直時，導體內部就會產生感應電動勢。電動勢的方向可以用**弗萊明右手定則**來說明。如插圖所示，右手中指為電動勢方向，食指為磁場方向，拇指為運動方向。

　　導體運動所產生的感應電動勢大小，會與導體的移動速度成正比，故在日文中也稱作**速度起電力**。若導體如第15頁的圖般旋

轉，感應電動勢會與轉速成正比。換句話說，馬達內部會產生與轉速成正比的電動勢。

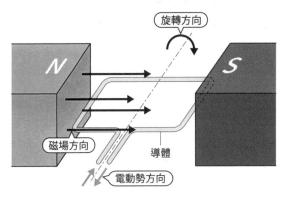

▲ 旋轉產生的電動勢

發電機就是使用這種電動勢來發電。從外部轉動馬達使其產生電動勢，便能發出電力。事實上，馬達與發電機的基本結構完全相同，只是一個是從外部轉動，一個是通電後轉動而已。兩者都是在動能與電能之間轉換的機械，只是轉換方向不同。

要轉動馬達時，需接上外部**電源**。電源可供應電流，也就是電動勢（電壓）。電動勢可讓馬達產生相應的電流。

不過當馬達旋轉時，馬達內部也會產生電動勢。這種馬達內部的電動勢，與電源產生的電動勢方向相反。換句話說，馬達產生的電動勢會讓來自電源的電流難以通過。因此，這種電動勢也叫做**反電動勢**。

8

旋轉的力量，轉矩是什麼？

 達之所以會旋轉，是因為有旋轉的力量施加在馬達上。一般提到**力**的時候，指的是直線方向上的作用。推動物體，感覺到重量等等，都是直線方向的力所造成的現象。

另一方面，**旋轉力**則是讓物體旋轉的力量。除了力的大小之外，力的作用位置也會影響旋轉力的特性。在上方的插圖中，與長度1的位置相比，如果在長度2的位置旋轉物體，只需一半的力量就能產生相同的旋轉力。**旋轉力**T可以表示成**力的大小**F與**半徑長**L的乘積。

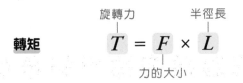

轉矩

$$T = F \times L$$

旋轉力 — 力的大小 — 半徑長

這就是**轉矩**，或者是稱作**力矩**。轉矩單位為[N・m]（牛頓公尺）。轉矩是一種旋轉力，也就是旋轉馬達的力。

物理學中有「**功**」這個概念。直線運動時，以1N（牛頓）的力使物體移動1m時，需作1J（焦耳）的功。功可以表示移動時需要的能量[J]。

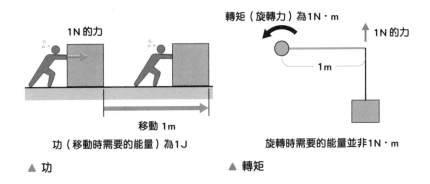

▲ 功

▲ 轉矩

轉矩的單位為[N・m]，為力與半徑的乘積（旋轉物體的力）。但轉矩是一種力矩，而非一種功（能量）。雖然很相似，卻是完全不同的東西，請特別注意。

9 瞭解馬達的輸出與單位

馬達的輸出可以用[W]（瓦）來表示。**輸出**是什麼意思呢？馬達的輸出，指的是**旋轉運動的大小**。馬達旋轉時會產生轉矩，此時包含轉速在內的馬達旋轉運動大小，就是馬達的輸出。馬達輸出會以「**額定輸出**」、「**最大輸出**」等方式表示。

輸出的單位是[W]，而這也是電力的單位。**電力**是**每秒的電能消耗量**，可以表示成[W] = [J/s]。[J]為能量單位。能量在力學上稱作功（ **參照** ⑧ ），即工作的能力。每秒作的功稱作**功率**，單位為[J/s]（焦耳每秒）。也就是說，電力[W]即為電的功率[J/s]。

馬達的輸出[W]可表示成**轉矩×轉速**。轉矩單位為[N・m]，轉速單位為**角速度ω[rad/s]**（每秒弧度）[※3]。讀者可能不大熟悉這裡所提到的角速度，簡單來說，轉1圈360度時，就相當於轉了

$2\pi[\text{rad}]$（弧度）。所以當角速度為$2\pi[\text{rad/s}]$時，就表示在1秒內轉了1圈。我們平常使用的轉速為「1分鐘轉了幾圈」，即每分鐘轉速$[\text{min}^{-1}]$（每分鐘），2種單位之間需要換算。若轉速單位為每分鐘轉速，則可依以下算式計算輸出。

馬達輸出
（每分鐘轉速$[\text{min}^{-1}]$）

輸出$[\text{W}]$　　轉矩$[\text{N·m}]$

$$P = \frac{2\pi}{60}\ T \cdot N = 0.1047\ T \cdot N$$

每分鐘轉速$[\text{min}^{-1}]$

馬達輸出
（角速度$[\text{rad/s}]$）

轉矩$[\text{N·m}]$

$$P = T \cdot \omega$$

輸出$[\text{W}]$　　角速度$[\text{rad/s}]$

　　由計算輸出的式子可知道輸出$[\text{W}]$與轉矩$[\text{N·m}]$的關係。即使馬達的輸出$[\text{W}]$相同，如果每分鐘轉速不同，轉矩就不一樣。說得更精準一點，輸出相同時，轉矩與每分鐘轉速成反比。

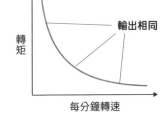

▲ 輸出、轉矩、每分鐘轉速之間的關係

　　如果每分鐘轉速很高，即使轉矩很小，也能夠有很大的輸出。比較每分鐘100萬轉的馬達，與每分鐘100轉的馬達，如果兩者輸出相同，轉矩就會相差1萬倍。轉矩不同，就代表馬達大小不同。另外，輸出有時也稱作**動力**。馬達的輸出，就是馬達轉動之機械所需要的動力。輸出與動力所代表的意義完全相同。

※3　角速度$[\text{rad/s}]$：在馬達的理論算式中，會用角速度來表示轉速（每分鐘轉速）。

10 馬達轉動的對象叫做負載

馬達是為了轉動某些東西而存在。馬達所轉動的東西，稱作馬達的**負載**（ 參照 ①）。負載是透過旋轉作功的機械。

　　讓我們以風扇為例進行說明。馬達的工作是負責轉動風扇的扇葉，馬達也只能轉動風扇的扇葉。而轉動後可以吹出風，則是扇葉的工作。

　　「轉動後可以吹出風」就是因為**旋轉的能量轉換成了空氣的動能，即空氣的移動**（風速）。

　　若提升馬達轉速，風速也會跟著提升；降低轉速，風速就會下降。不過馬達的工作只有轉動扇葉而已，將這股能量傳遞給空氣，則是扇葉的工作。

換句話說，馬達的功能就是轉動負載。那麼不管負載的種類為何，都能用相同的馬達來轉動嗎？

事實上，各種負載都有本身特有的性質，需要使用符合其性質的馬達來轉動。這裡所謂的性質，指的是轉動負載時需要的轉矩與轉速，稱作**負載的轉矩特性**。

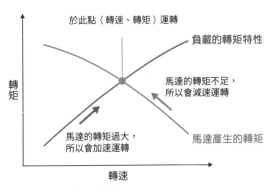

於此點（轉速、轉矩）運轉

負載的轉矩特性

轉矩

馬達的轉矩不足，所以會減速運轉

馬達的轉矩過大，所以會加速運轉

馬達產生的轉矩

轉速

▲ 馬達與負載的運轉

馬達必須產生一定的轉矩，使負載能夠維持一定的轉速。如果馬達的轉矩大於負載所需要的轉矩，馬達就會加速。相對地，如果馬達的轉矩小於負載所需要的轉矩，馬達就會減速。也就是說，馬達需在「負載轉矩等於馬達轉矩」的狀態下運轉，才能維持一定的轉速。

不同機械的運作原理與性質不同，負載轉矩的性質也不一樣。負載轉矩的種類如第22頁的圖所示，多數機械的負載轉矩都擁有該圖中3種轉矩特性之一。

「不管轉速是多少，需要的轉矩皆相同」的負載特性，稱作**定轉矩特性**。輸送帶或是捲揚機便擁有這種性質。因為馬達輸出為**轉矩×轉速**（ **參照** ⑨ ），所以當負載為定轉矩特性時，輸出與轉速成正比。

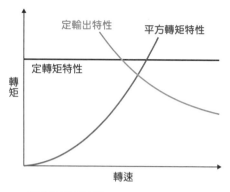

▲ 負載的轉矩特性

「轉速與轉矩成反比」的負載特性，稱作**定輸出特性**。這種負載轉矩不管轉速是多少，馬達的輸出都相同。車輛與捲線機皆擁有這種性質。在滾動網球場用的滾筒時，一開始會覺得滾筒很重，開始移動後便會覺得變輕許多，就是因為有這種負載特性。

「轉矩與轉速平方成正比」的負載特性，稱作**平方轉矩特性**。若某負載擁有平方轉矩特性，那麼馬達輸出會與轉速的三次方成正比。風扇、泵浦等處理流體（空氣或水）的機械，皆擁有這種性質。

風扇與馬達

　　最讓人有內部「有馬達在運轉」這種感覺的家電產品，應該就是電風扇吧。一般電風扇會使用**單相AC馬達**中的**電容式馬達**運轉（**參照** ㉞）。

　　電容式馬達與一般插座連接之後，便可切換強中弱3種轉速運轉，而且價格相當便宜。不過即使是轉速較低的弱風，使用的電流也不會比較小，所以消耗的電力並不低。

　　另一方面，近年來**DC風扇**逐漸增加。名字之所以有個DC，是因為這種風扇使用了**DC馬達**（**參照** Chapter 2）中的**無刷馬達**（**參照** Chapter 3）。不過，一般插座供應的電流為**交流電**（**參照** ㉙），無法直接轉動DC馬達。因此DC風扇需內建一套電路，將交流電轉變成直流電（**整流器**：**參照** ㉛）。

　　無刷馬達在轉速的控制上較方便，可低速運轉，所以DC風扇能夠吹出穩定而微弱的風。而且無刷馬達的效率比過去的馬達來得高，消耗的電力較少。

　　換氣扇內也有馬達，目前使用的仍是**單相AC馬達**。在單相AC馬達中，目前大多使用**蔽極馬達**（**參照** ㉞），因為其轉速固定。

瞭解馬達的種類

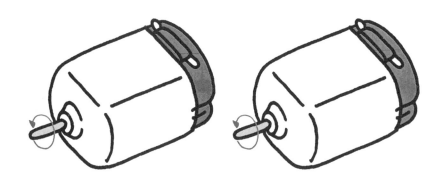

馬達大致上可以分成**AC馬達**與**DC馬達**，如第25頁的表所示。這是以轉動馬達的**電源種類**進行的分類。表中除了AC（交流電）與DC（直流電）之外，還有使用專用電源的馬達。使用這類馬達時，需以專用控制器（**驅動器**）控制。

　　之所以會用電源種類為馬達分類，是因為在**電力電子學**[4]出現以前，交流電與直流電之間的轉換相當困難。**直流電**指的是**電流方向固定的電力**，**交流電**則是**電流方向週期性改變的電力**。以前我們很難將一種電轉換成另一種電，現在在電力電子學的發展下，已

---

[4]　使用半導體控制電力的技術。包括我們周圍的家電在內，如新幹線、電動車等交通工具，都會用到相關技術（**參照**專欄20）。

▼ 馬達的分類

電源種類	馬達形式	馬達名稱
DC（直流電） Chapter 2	永久磁鐵形式	永久磁鐵DC馬達
	他勵形式	他勵DC馬達
	自勵形式	串聯繞組DC馬達 並聯繞組DC馬達 雙繞組DC馬達
AC（交流電） Chapter 4,5	同步馬達	繞組型同步馬達
		表面型永磁同步馬達（SPM）
		內藏型永磁同步馬達（IPM）
		磁阻馬達
	感應馬達	鼠籠型感應馬達 繞組型感應馬達
	單相AC馬達	單相感應馬達 單相同步馬達
專用電源 （驅動器）		無刷馬達 Chapter 3
		步進馬達 Chapter 6
		SR馬達 Chapter 6

可用電池等直流電源驅動AC馬達，也可用交流電源驅動DC馬達
（ 參照 專欄1）。而且透過運用電力電子學也可自由控制馬達。

　　綜上所述，現在除非是直接接上電源，不然幾乎不太需要考慮
使用的是「AC馬達還是DC馬達」。不過，若要詳細討論馬達的性
能或性質，還是有必要將馬達的輸入電源分成AC與DC。本書會先
介紹結構較簡單的DC馬達（Chapter 2、Chapter 3），然後再介紹
AC馬達與其他馬達（Chapter 4以後）。

我們在 ③ 中說明了鐵的磁化。讓我們再進一步詳細說明什麼是磁化吧。若要精確說明磁現象，需要用到量子力學，不過這裡我們要介紹的是在量子力學出現以前，說明磁現象的方式。

不管把磁鐵切得多小，磁鐵也不會失去其性質。如果將磁鐵一直切下去，最後應該會得到分子大小的磁鐵。這種假設稱作**分子磁鐵說**。

物質中有許多分子磁鐵呈現不規則排列，不過當外部磁場增強時，這些分子磁鐵的方向就會趨於相同。分子磁鐵的方向趨於一致時，便會形成磁極，這就是所謂的**磁化**。不過，當物質內所有分子磁鐵都朝著相同方向排列，那麼不管外部磁場有多強，磁極的強度都不會改變。這種狀態稱作**磁飽和**。若拿掉外部磁場，分子磁鐵會變回不規則排列，但部分分子磁鐵會保持原本趨於一致的方向，這就稱作**殘餘磁化**。永久磁鐵即為殘餘磁化程度較大的物質。

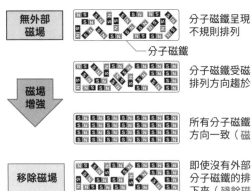

▲ 以分子磁鐵說明磁化

2

馬達的基礎！
DC馬達

DC馬達就是以直流電驅動的馬達。在**Chapter 2**中，讓我們透過DC馬達的運作機制來學習馬達的基礎吧。

12 馬達的結構與 3種馬達

馬達是一種會旋轉的機械。考慮到其作為機械的功能,可以將馬達的結構分成2個部分。那就是會旋轉的**轉子**,以及不會旋轉的**定子**。馬達之所以能靠電流與磁場旋轉,是因為它可以分成轉子與定子2個部分。

馬達需要的零件不僅於此。為了讓轉子順利旋轉,轉子需要透過**軸承**與定子結合才行。另外,馬達還需要固定用的**外殼**,以及用來轉動負載的**軸**。

轉子與定子之間,有個非常小的**空氣間隙**(一般稱為**氣隙**)。氣隙是個什麼都沒有的空間,卻也是最重要的部位。因為氣隙有磁場存在,所以馬達才能轉動。如果氣隙不均勻,使軸偏離中心,馬達

就無法順利運轉。

　有些馬達的線圈纏繞在轉子上，有些馬達的線圈則纏繞在定子上。同樣是使用永久磁鐵的馬達，也可分成磁鐵在轉子上，以及磁鐵在定子上。

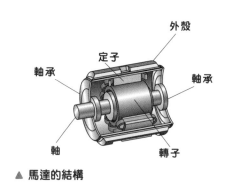

▲ 馬達的結構

　依照氣隙的形狀，以及轉子的位置關係，我們可以將馬達的結構分成以下3種，如圖所示。

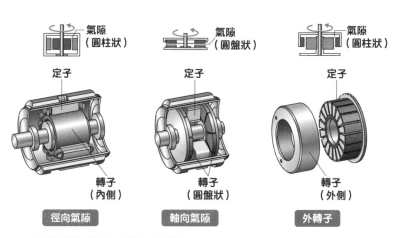

▲ 根據氣隙的形狀將馬達進行分類

在**徑向馬達**中，旋轉的是內側轉子。定子與轉子之間為氣隙。氣隙呈圓柱狀。在氣隙中，轉動馬達的磁場方向與轉軸垂直，以轉軸為中心朝**徑向**（半徑方向）射出，因此稱作徑向氣隙，是最常見的馬達結構。

軸向馬達使用圓盤狀轉子。氣隙為一個與轉軸垂直的面。磁場方向與軸的方向相同，因此稱作**軸向**馬達。這種馬達很薄，轉動硬碟的就是這種馬達。如第29頁的圖所示，軸向馬達可在一個定子的兩側配置2個轉子。

外轉子馬達的氣隙形狀與徑向馬達相同，轉子位於外側，所以旋轉的是外側。轉子可作為機械的一部分使用，例如轉子與扇葉一體化的薄型風扇。

本書會以徑向馬達為核心，說明馬達原理。

智慧型手機所使用的
極小DC馬達

我們最常使用的資訊工具，應該就是**智慧型手機**了吧。智慧型手機有震動功能，可以在有來電或通知時震動手機。這就是由馬達產生的震動。

智慧型手機內有個很小的馬達，馬達轉軸上有個只有半邊的重物（凸輪）。因為只有半邊，所以凸輪呈不平衡狀態，當馬達旋轉時，凸輪會產生遠離軸心的離心力，而這個離心力的方向也會隨之轉動，使手機跟著震動。

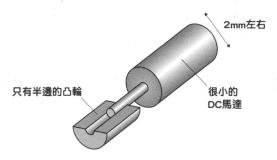

2mm左右

只有半邊的凸輪

很小的
DC馬達

▲ 智慧型手機中的馬達

智慧型手機的電池電壓約為3V。這個直徑2mm～3mm，用於手機震動功能的極小**永久磁鐵DC馬達**，就是在這個電壓下旋轉。換句話說，我們平常就隨身帶著一個馬達在四處行走。

這樣你是不是更能實際感受到馬達離我們有多近了呢？

2

馬
達
的
基
礎
！
D
C
馬
達

13 為什麼DC馬達會旋轉？

以 直流電驅動的DC馬達（**參照**⑪），其旋轉機制可以用⑥所介紹的馬達原理來說明。假設左右分別為永久磁鐵的N極與S極，中間有個作為導體的線圈。此時，永久磁鐵靜止不動，因此為定子；線圈會旋轉，因此為轉子。這是一般永久磁鐵DC馬達的結構。

　　轉子的線圈兩端，與名為**整流子**的電極相連。而整流子則與名為**電刷**的電極接觸。電刷固定於定子上，不會旋轉。整流子與電刷接觸，同時整流子會與線圈一起旋轉。

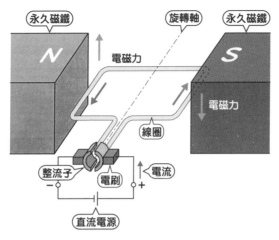

▲ DC馬達旋轉的原理

　　電刷會接上外部直流電源。線圈則會透過電刷、整流子接通電流。因為線圈位於磁鐵（定子）所形成的磁場內，所以當線圈內有電流通過時，便會產生電磁力。我們可以**由弗萊明左手定則判斷力的方向**。線圈右側產生的力，方向與線圈左側產生的力相反。這會讓DC馬達產生轉矩。

　　馬達產生的轉矩大小，與電流大小成正比。兩者間的比例常數稱作**轉矩常數**。若馬達使用永久磁鐵，則轉矩常數為馬達本身的固定數值。也就是說，只要調整電流就可以控制轉矩。

轉矩與電流的關係

$$T = K_T I$$

轉矩
[N·m]

轉矩常數
（馬達本身的固定數值）

電流
[A]

接著來說明電動勢吧。通電後，馬達會開始旋轉，作為轉子的線圈會在永久磁鐵的磁場內運動。於是，線圈會產生感應電動勢。感應電動勢的大小與轉速成正比，兩者間的比例常數稱作**電動勢常數**。同樣地，若馬達使用永久磁鐵，則電動勢常數為馬達本身的固定數值。

感應電動勢與轉速的關係

$$E = K_E \omega$$

感應電動勢 [V]　電動勢常數（馬達本身的固定數值）　角速度※5 [rad/s]

這表示，馬達有以下2個重要性質。

- 馬達的**轉矩與電流成正比**。
- 馬達的**感應電動勢與轉速成正比**。

這種性質不僅存在於DC馬達，幾乎所有馬達都有這種特性，可說是馬達的基本性質之一。

另外，如果是不使用永久磁鐵的DC馬達，那麼定子上也會有線圈，線圈通電後會變成電磁鐵而產生磁場。只要調整定子的線圈電流，就可以改變轉矩常數與電動勢常數。

※5　在馬達領域中，角速度有時也簡稱為**轉速**（**參照**專欄4）。

CD與馬達與角速度

以顯微鏡放大CD或DVD的表面，可以看到細微的溝槽。影音設備就是靠著辨識這些溝槽，讀取碟片中記錄的音樂與影像。

不過，碟片內側與外側的圓周長並不相同。這是因為「碟片旋轉時，雖然內側與外側的角速度相同，直線速度卻不一樣」。**直線速度**就是我們一般認知中的速度概念。以**60[km/h]**行駛的汽車，1小時可前進60km的距離。也就是說，速度就是一定時間內前進的距離。

另一方面，**角速度**指的是旋轉中的物體在1秒內前進的角度。而且角速度會用弧度法來表示角度，360度會表示成**2π[rad]**。因此如果1秒內轉一圈，那麼角速度就是**2π[rad/s]**。

以時鐘為例。時鐘的指針會以一定的角速度轉動，但指針繞一圈時，指針根部與指針末端走過的圓周長度並不相同。也就是說，即使角速度相同，在指針的不同位置，直線速度也不一樣。CD與DVD也有一樣的現象，為了讓碟片內側與外側的讀取速度保持一定，必須時常調整碟片的角速度（轉速），使直線速度保持一定。

能做到這種控制角速度的馬達包括無刷馬達（ 參照 Chapter 3）與主軸馬達（ 參照 50 ）。除此之外，影音設備內還有多種馬達，負責「移動讀寫頭」、「控制碟片進出」等等。

2

馬達的基礎！DC馬達

 電刷與整流子的運作

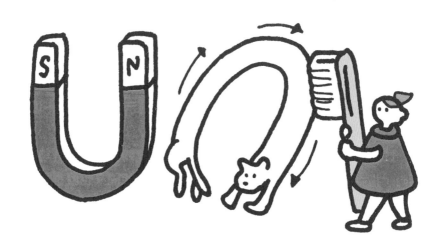

我們在 ⑬ 中提到「DC馬達通電後會產生轉矩」，但光是這樣並沒辦法讓馬達持續運轉下去。我們在說明馬達的旋轉原理時，也有提到這點（**參照** ⑥）。

舉例來說，假設在第33頁的圖中，線圈轉動90度，立了起來。此時，與電源相連的電刷並沒有接觸到整流子，因此線圈沒有通電，不會產生轉矩，旋轉也會停止。因此，實際的馬達需要使用3個以上的導體（線圈）才行。此外，如果希望線圈持續以相同方向旋轉，就要讓線圈在靠近永久磁鐵的時候，一直保持相同的電流方向。**電刷**與**整流子**就是幫助馬達達成這項條件的零件。

整流子是附著於轉子上，會跟著轉子旋轉的電極。整流子被切

成了3等分，彼此絕緣。另一方面，電刷固定在定子上，是固定的電極。整流子旋轉時會持續接觸到電刷，使外部供應的電流能流入線圈。而線圈內的電流方向，取決於整流子接觸到的電刷。轉到相同位置的線圈，電流方向也會一樣，所以線圈會一直產生方向相同的轉矩。

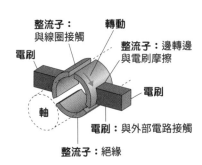

▲ 電刷與整流子之間的關係

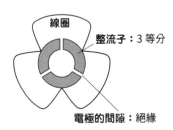

▲ 線圈的接線方式

整流子與線圈的接線方式如上方右圖所示。在這種接線方式下，不管轉子轉到哪個位置，3個線圈中一定有一個線圈會接通電流，故可一直產生轉矩。

順帶一提，電刷這個名字聽起來像是有一堆毛的裝置，但事實上電刷是由石墨或金屬製成。馬達剛被發明出來時，是使用銅線束製作這個部分，當時稱作電刷，這個名稱就這樣傳承了下來。

實際的DC馬達內，轉子中的線圈會纏繞好幾圈的導線。而且為了增強磁力，還會將線圈纏繞在**鐵芯**上。鐵芯的角色會在 ㉘ 中說明。在較大的DC馬達中，為了使其順暢地旋轉，會增加轉子的線圈數。有多少個線圈，就會將整流子切成多少等分。

15 DC馬達的旋轉速度與電壓的關係

這裡讓我們整理一些與DC馬達轉動有關的數學式吧。首先要介紹的是 ⑬ 中也有提到的2個式子。

轉矩與電流的關係

$$\underset{\text{轉矩[N·m]}}{T} = \underset{\text{轉矩常數（馬達本身的固定數值）}}{K_T} \ \underset{\text{電流[A]}}{I}$$

感應電動勢與轉速的關係

$$\underset{\text{感應電動勢[V]}}{E} = \underset{\text{電動勢常數（馬達本身的固定數值）}}{K_E} \ \underset{\text{角速度[rad/s]}}{\omega}$$

當以角速度ω[rad/s]表示速度時，**轉矩常數K_T=電動勢常數K_E**。那麼，由外部對馬達施加的電壓，與上述這些參數又有什麼關係呢？

以電流驅動DC馬達時，馬達旋轉會產生感應電動勢。這個感應電動勢的方向會與外部施加的電壓相反，妨礙馬達轉動。因此通過馬達的電流會是外部電壓（**端電壓**）V與感應電動勢E的差，除以線圈的電阻R，如下式所示。

端電壓[V]　　感應電動勢[V]

$$I = \frac{V - E}{R}$$

電流[A]　　　線圈電阻[Ω]

由這3條式子的關係，可以描述DC馬達的運作狀態。也就是說，只要知道線圈**電阻R[Ω]**的大小、**轉矩常數K_T[N・m/A]**，就能知道**端電壓V、電流I、轉速ω**之間的關係。

讓我們用圖來說明吧。下圖為3個不同電壓下，轉矩與轉速之間的關係。

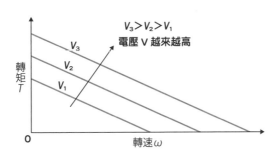

▲ **轉速與轉矩的關係**

假設外部施加的電壓V_1保持固定。此時，轉矩與轉速的關係會是一條左上往右下分布的直線。也就是說，轉速越低，轉矩越大。

因為轉矩與電流成正比，所以變化方向與電流相同。若電壓從

V_1提高到V_2、V_3,這條直線就會平行往上移動。也就是說,電壓越高,DC馬達就會高速旋轉,而且轉矩也會比較大。

圖形與橫軸的交點是轉矩為零時的轉速。從V_1提高到V_2、V_3時,轉速會越來越高。轉矩為零,表示馬達沒有負載,只有自己在空轉。即使只有馬達自己在轉,提高電壓時也會提升轉速。另一方面,圖形與縱軸的交點是轉速為零時的轉矩,也是該電壓下能產生的最大轉矩。

本圖描述的不只是馬達的轉矩,也包括了負載的轉矩。當馬達轉動某個負載時,只要知道**轉速**、**電壓**、**電流**,就能由圖中看出負載的轉矩。

接著讓我們來看看轉速與電流之間的關係。下圖為3個不同電壓下的情況。由圖可知,只要知道電流或轉速,就可以知道另一個參數是多少。

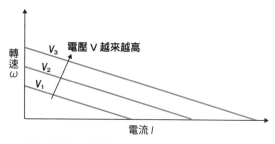

▲ 電流與轉速的關係

綜上所述,使用DC馬達時,只要改變電壓就能控制轉速與轉矩。因此從很久以前開始,DC馬達就被應用於各方面。

馬 達 的 控 制 與 家 電 ① 空 調

前面提到DC馬達的控制相對容易，不過，容易控制有什麼好處呢？讓我們以身邊的白色家電為例說明。

空調是消耗電力最多的家電。一般來說，空調消耗的電力平均約為800W～1000W，而這些電力幾乎都用在馬達上。

空調內部有許多馬達。室內機與室外機的風扇是最顯而易見的馬達，除此之外，室外機的**壓縮機**也會用到馬達。壓縮機是將氣體壓縮後送出的機械，這裡會使用輸出大的馬達。

第一世代的空調中，壓縮機會使用**感應馬達**（ **參照** ㉝），以及可依照室內溫度控制馬達開關的**溫控器**，控制馬達運轉。

第二世代也會使用感應馬達，不過卻改用**逆變器**來控制馬達。逆變器可以控制交流電的電壓與頻率（ **參照** ㊵）。這可以讓馬達在高速運轉下，急速降低或提高房間的溫度。另外，這不是透過開關控制馬達運轉，因此可大幅降低電力消耗。

而現在使用的則是第三世代的空調。日本常見的**永磁同步馬達**（ **參照** ㊱）在長時間低速運轉下，效率比感應馬達高，可大幅降低一整年的耗電量。綜上所述，若能有效控制馬達，就可以節能並提高馬達性能。

16 我們可以用各種曲線表示DC馬達的性能

前 面我們用圖來表示轉矩與轉速的關係，同樣地，DC馬達的性能也能用圖來表示。下圖是由某個DC馬達的測試結果畫成的**特性曲線**。

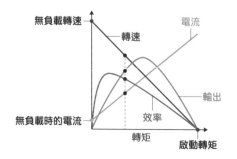

▲ DC馬達的特性曲線

測試時，必須保持端電壓固定，改變馬達的轉矩，再測定此時的電流與轉速。輸出與效率可由測定值計算出來。

以下會逐一說明如何解讀這張圖。圖的**橫軸為轉矩**。由這張圖可以看出，**轉矩增加時，各種特性會如何改變**。如虛線所示，我們可以知道在轉矩為特定大小時，「轉速」與「電流」的數值分別各是多少。

轉矩為零時的運轉，稱作**無負載運轉**，縱軸與轉速的交點為**無負載轉速**。無負載轉速為該電壓下可達到的最高轉速。另外，縱軸與電流的交點為**無負載電流**。由理論算式可以知道，電流與轉矩成正比，當轉矩為零時，電流也是零，但實際上仍會有很小的電流通過。因此，電流與縱軸的交點在零上方一些的位置。接著，使轉速為零的橫軸交點，稱作**啟動轉矩**。啟動轉矩是馬達啟動時的轉矩。

輸出與效率可以用以下的算式計算。**輸出[W]為轉矩×轉速**。要計算**效率[%]**時，應先用**電壓[V]×電流[A]**算出**輸入[W]**。效率為**輸出÷輸入**，以百分比表示。

我們可以由這張圖看出**使效率最大的轉矩**，以及**使輸出最大的轉矩**。另外，這張圖也可以看出當馬達實際轉動負載時，還有多少餘力。

一般來說，我們會在馬達的額定電壓下描繪特性曲線。如果改變電壓再測定，便可得知電壓改變時特性會有什麼變化。在馬達的目錄中，一定會清楚列出這類特性曲線，或者用**規格書**的形式整理描述馬達的性能。

17 使用永久磁鐵的馬達與使用電磁鐵的馬達

本章前半部分，我們說明了使用永久磁鐵的DC馬達。從本節開始，則會說明⑬最後曾經稍微提過，不使用永久磁鐵的DC馬達。

這裡我們會依功能為馬達的各個部位分類，並介紹這些部位的名稱。可像永久磁鐵一樣產生磁場的部分，稱作**磁場系統**。可像線圈一樣使電能與動能互相轉換的部分，稱作**電樞**。這些與轉子、定子無關，是依照其在馬達內的角色決定的名稱。這些名稱不只適用於DC馬達，而是適用於所有馬達。

DC馬達的轉子為電樞，定子為磁場系統。而DC馬達還能以磁場系統的形式分類。前面說明的磁場系統是使用永久磁鐵的DC

馬達，稱作**永久磁鐵形式**。另一方面，使用線圈作為磁場系統的馬達，則可再分成多種類別。

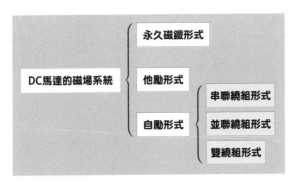

▲ DC馬達的磁場系統形式

若磁場系統線圈的電流是由其他電源供應，稱作**他勵形式**；若磁場系統與電樞使用相同電源，則稱作**自勵形式**。

他勵形式的馬達，只要調整磁場系統的電源就能改變磁場。因此，我們可以在透過電樞電源調整轉矩的同時，調整磁場系統的電源，使轉速保持固定。

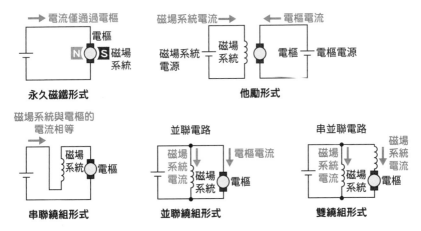

▲ 各種DC馬達

自勵形式的馬達可再分成**串聯繞組形式**、**並聯繞組形式**、**雙繞組形式**等3類。當中的串聯繞組形式，磁場系統線圈與電樞線圈為**串聯連接**。磁場系統電流與電樞電流為相同的電流，因此有轉矩與轉速成反比此一特性。也就是說，如果端電壓固定，無論轉矩或轉速為何，馬達的輸出都是固定的。這種性質稱作**串聯繞組特性**。串聯繞組特性常見於車輛等有定輸出特性的負載。

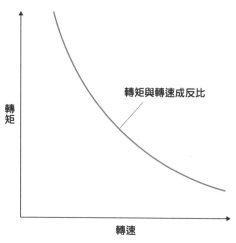

▲ **串聯繞組特性**

　　並聯繞組形式的磁場系統線圈與電樞線圈為**並聯連接**，和永久磁鐵形式的馬達類似。永久磁鐵的材料相對較高價，使用大量永久磁鐵的馬達昂貴而不切實際。因此，大型DC馬達不會使用永久磁鐵，而是採用這種並聯繞組形式。

　　雙繞組形式有2個磁場系統線圈，與電樞線圈為**串並聯連接**，因此其特性介於串聯繞組形式與並聯繞組形式之間。

馬達的控制與家電②冰箱

　　說到每個人家中都有的白色家電，第一個想到的應該就是冰箱吧。冰箱消耗的電力比空調還要小，但365天24小時皆持續運作著，是運作時間最長的家電。

　　以前冰箱冷藏庫的溫度控制與第一世代的空調相同，使用感應馬達與溫控器來調控溫度。後來則與之後的空調一樣改用逆變器控制，使冰箱能**依照溫度控制馬達轉速**。如果溫度過低，就會降低轉速以減少電力消耗。另外，即使開關冰箱使溫度上升，只要提高轉速就能馬上降低溫度。冰箱還能在夜間時段降低轉速，以降低運轉時的音量。

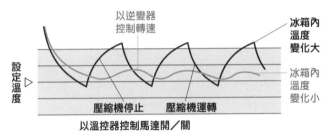

▲ 比較以溫控器控制馬達與以逆變器控制馬達

　　現在的冰箱使用的也是永磁同步馬達。與空調一樣，可以長時間低速運轉，效率較高，大幅降低了每年的耗電量。

2

馬達的基礎！DC馬達

18 控制DC馬達 比較簡單嗎?

控制是馬達在實際應用時的重要要素之一。DC馬達可以透過調整端電壓,改變其轉矩或轉速(參照 ⑮)。那麼,實際上是如何改變馬達的端電壓呢?以下會介紹幾個經典例子。

同時使用多個DC馬達的**電車**,時常會切換馬達的連接方式。如第49頁的圖所示,若2個DC馬達的連接方式能在串聯與並聯間切換,那麼在並聯連接時,馬達的端電壓就是電源電壓;在串聯連接時,馬達個別的端電壓則是電源電壓的一半。如此一來,就能讓端電壓在2個數值間切換,調整轉速與轉矩。

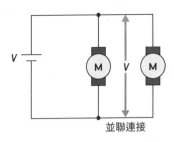

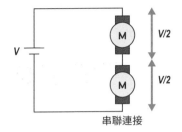

並聯連接   串聯連接

▲ 切換串聯與並聯的控制方式

看完關於電車的說明，你可能會覺得「為什麼要那麼麻煩呢？只要改變電源電壓，不就能直接改變端電壓了嗎？」但是，要改變直流電的電壓並沒有那麼容易，所以我們才會尋求其他方式來改變電壓。其中一種方法是將DC馬達與電

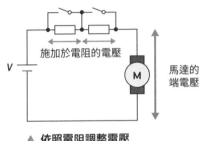

▲ 依照電阻調整電壓

阻串聯，也就是**用開關繞過電阻**的方法。施加在電阻上的電壓有多少，馬達的端電壓就會降低多少。

但是，如果加入電阻以降低馬達的端電壓，原本應進入馬達的電力就會流入電阻，使電阻發熱。好不容易降低馬達的電壓，也降低了轉矩與轉速，電阻卻消耗掉了省下來的電力，結果最後並沒有省到任何電。

另外，還可以用直流發電機控制大型DC馬達。也就是**調整發電機，使直流電電壓隨之變化**。除了馬達以外，還需要有發電機才行，實在相當費工夫，這卻是工廠等場所常用的方式。這種方式也依照發明者的名字，稱作**Leonard形式**。除此之外，還有運用電力電子學控制馬達的方法，詳情會於⑳中說明。

19 電樞反作用是什麼？

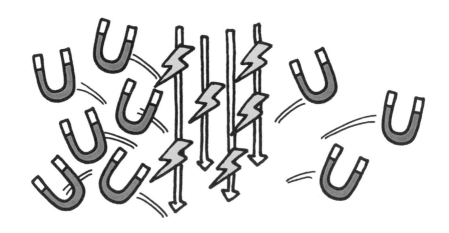

　　電樞反作用是大型DC馬達常發生的問題。在DC馬達中，磁場系統的磁場與通電的電樞線圈會產生作用力。不過，除了由永久磁鐵或線圈構成的磁場系統所產生的磁場之外，馬達內還存在著其他磁場。那就是電樞線圈通電後產生的磁場。

　　如第51頁的圖(a)所示，電樞線圈未通電時，磁場系統的磁力線是由N極指向S極。而在圖(b)中顯示的是磁場系統線圈未通電，只有電樞線圈通電時的磁場。

　　DC馬達運轉時的磁場，是由這2個磁場合成得到的結果，如圖(c)所示。也就是說，不同位置的磁通量密度也不一樣，有的地方磁通量密度比較高（**增磁**），有的地方比較低（**減磁**）。磁通量的總

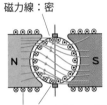

磁場系統：電流通過
電刷
N　S
電樞：無電流通過
（a）磁場系統的磁場

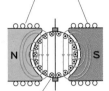

磁場系統：無電流通過
N　S
電樞：電流通過
（b）電樞電流產生的磁場

磁力線：密
N　S
電樞、磁場系統皆通電時的磁場
（c）電樞與磁場系統的合成磁場

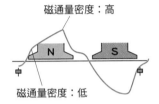

磁通量密度：高
N　S
磁通量密度：低

▲ 電樞反作用

數不會改變，但分布情況會被扭曲。而且，增磁部分的磁通量密度過高時，便會發生**磁飽和**，使磁通量降低。這種因為電樞電流的磁場導致磁場分布扭曲的現象，稱作**電樞反作用**。在電樞反作用的影響下，磁場與電流的關係會出現變化。

　　若為了提高ＤＣ馬達的轉矩而提升電樞電流，電樞反作用就會變得更劇烈，使得電流與轉矩不再成正比。此外，電樞反作用也會讓電刷與整流子之間產生火花。為了防止這種情況發生，大型ＤＣ馬達會設置另一個名為**間極**的磁極，或者另外設置一個**補償繞組**。

20 截波器控制是什麼？

力電子學是用電晶體（**參照**專欄8）等**半導體**控制電力的技術（**參照**⑪）。在電力電子學的發展下，出現了DC馬達的**截波器控制**技術。

　　所謂的截波器，指的是能夠**截切**電流的元件。之所以叫做截波器，是因為它能透過開關「切斷電流以控制電壓」。在截波器出現以後，我們便能任意改變直流電壓，且不會消耗多餘電力，可以說是相當理想的電壓調整方式。截波器如第53頁的圖所示，可透過開關電壓產生斷斷續續的電壓。

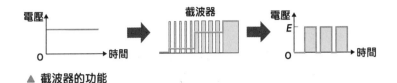

▲ 截波器的功能

截切後的電壓如下圖所示，在平均電壓上下的面積相等。也就是說，只要改變截波器截切電壓的開關頻率，就能讓電壓出現連續性變化。

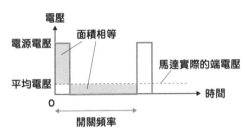

▲ 截波器的電壓控制

截波器大幅提升了DC馬達的控制性。例如在並聯繞組形式當中，控制磁場系統電路的**磁場系統截波器**、控制電樞電路的**電樞截波器**等等，我們可用多種方式控制DC馬達。

截波器並不大，且可持續控制馬達，所以使用DC馬達與截波器的**馬達驅動系統**（ **參照** ㊶ ）被廣為使用。若切換正負電流，便可讓DC馬達反過來轉動。我們可以用截波器輕鬆做到這點。在使用截波器控制馬達後，進入了電車與電動車皆用DC馬達控制行駛的時代。我們會在㊾中詳細說明截波器是什麼。

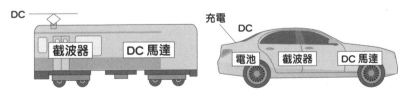

▲ 使用截波器控制的馬達驅動系統

21 DC馬達的缺點在電刷上嗎？

D C馬達的控制相對簡單、易於操作，但DC馬達卻有個很大的缺點。那就是DC馬達運轉時，必須用到電刷與整流子。

電刷固定在定子上，整流子則固定在轉子上。馬達轉動時，兩者會彼此接觸**滑動**。因為彼此滑動，所以會有摩擦。電流需通過兩者的接觸面，所以接觸面上不能使用潤滑油。油為絕緣體，所以不能塗在電刷與整流子之間。電刷與整流子之間的摩擦會造成滑動面的**磨耗**。

除了摩擦之外，在有電流通過時滑動還有一個很大的缺點。電刷與整流子通電時的樣子如第55頁的圖所示。

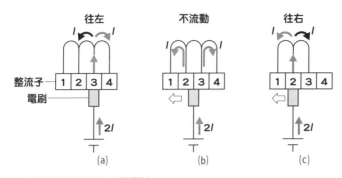

▲ 通過電刷與整流子的電流

在這張圖中，整流子旋轉時，與電刷接觸的整流子會從3變為2。不論是(a)(b)(c)哪種狀態，通過電刷的電流都相同，為由下往上的2*I*[A]。

1個線圈與2個整流子相連，1個整流子與相鄰的2個線圈相連。這裡讓我們把焦點放在**整流子3與整流子2**。

在(a)的情況下，電刷的電流通過**整流子3**，使3→2與3→4分別有*I*[A]的電流通過。通過3→2線圈的電流往左。在(b)的情況下，電流經電刷後，通過**整流子2與整流子3**，故3→2的線圈沒有電流通過。到了(c)的情況，電流經電刷後，通過**整流子2**。此時，3→2線圈的電流往右。也就是說，馬達旋轉時，**電刷的電流一直維持相同方向、相同大小；線圈的電流方向則會不斷切換**。

如果電流方向急遽改變，線圈電路就會發生許多問題。其中一個問題是會產生**火花**。在電流改變方向（**換向電流**）的瞬間，電刷與整流子之間會產生火花。火花會讓電刷與整流子的接觸面磨耗得更為嚴重。因為會產生火花，所以也必須注意馬達對周圍氣體造成的影響。

原則上來說，在DC馬達中，電刷與整流子的接觸面產生磨耗是無可避免的事。因此，我們會用堅固的材料來製造被轉動的整流子，用柔軟的材料來製造電刷，使耗損盡量發生在電刷上。電刷在定子上，更換比較簡單。大型馬達會定期檢查電刷的情況。

綜上所述，因為電刷有這樣的缺點，所以大型馬達或需要長期使用的馬達，比較不會採用DC馬達。

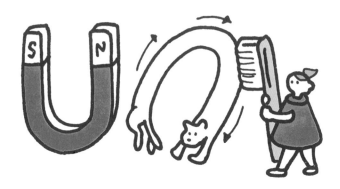

3

克服缺點！
無刷馬達

為了克服DC馬達電刷的缺點，專家們研發出了用電子元件取代電刷功能的無刷馬達，應用於專欄1中介紹的DC風扇、小型無人機等。
Chapter 3會說明無刷馬達的運作機制、性能、優點等。

22 運用電子學知識改變電刷

在 開始說明無刷馬達之前，讓我們先來複習一下電刷的功能吧（參照 ⑭）。正電側與負電側各有一個電刷，共2個。這2個電刷的功能如第59頁的圖所示。

正電側的電刷連接了線圈與電源正極；負電側的電刷則連接了線圈與電源負極。整流子旋轉時，電刷會不斷切換與之接觸的整流子，使得與整流子相連的線圈中，電流方向也跟著切換。這就是電刷的功能。

也就是說，如果像第59頁右圖那樣，將**線圈**（**電樞**）**接上2組開關，交替切換開關**的話，就能**讓線圈其中一端所連接的電極在正極與負極間來回切換**。

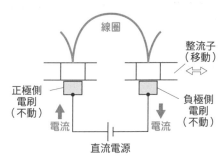

▲ 電刷與整流子的運作機制

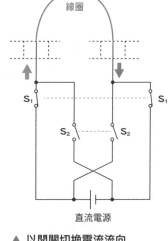

▲ 以開關切換電流流向

　　右圖的S₁與S₂這2對開關彼此連動。當S₁改為OFF、S₂改為ON時，線圈電流方向會反過來。以這種方式切換開關，就能在沒有電刷的情況下切換線圈電流方向。

　　要將這種機制應用在馬達上，還需要一些巧思。首先，DC馬達的線圈為**轉子**（ **參照** ⑫ ），電刷負責讓電流通過轉子。而在無刷馬達中，必須將線圈配置於定子上，**再把線圈接上開關**。作為磁場系統的**永久磁鐵則配置於轉子上**。

　　電刷與整流子還具有另一個功能。當磁場系統的磁極改變位置時，線圈的電流方向須自動切換。當磁極狀態從N極靠近轉變成S極靠近時，電流須切換成相反方向。如果不曉得磁極位置的話，就不知道線圈的電流應該往哪個方向流動，自然也不曉得該如何切換開關以改變電流流向。

　　為了在適當時機切換開關，必須裝設一個**磁極感應器**，以瞭解現在是N極在靠近，還是S極在靠近。若能滿足以上所有條件，就能實現不需要電刷的無刷馬達了。

23 為什麼無刷馬達會旋轉？

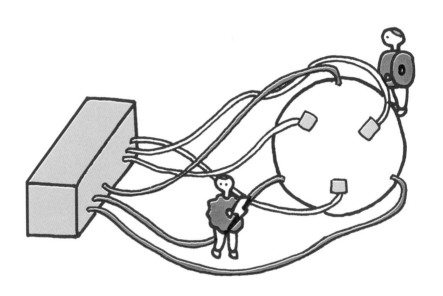

無 刷馬達的**線圈為定子**，**磁鐵為轉子**，與Chapter 2中介紹的一般DC馬達相反。位於定子上的線圈與開關裝置及電源相連。馬達內部有磁極感應器，可依照磁極旋轉時的位置，切換線圈的電流方向。開關則由電晶體等半導體製成。

無刷馬達包含了**磁極感應器**與**電流切換裝置**，可將它們視為同一套系統。將直流電壓輸入這個系統時，可轉動馬達。電流切換裝置可依照每個時間點的旋轉狀態，切換線圈電流方向。轉速越高，切換頻率就越高。

每種馬達的電流切換裝置，設計得都不一樣。換句話說，電流切換裝置是各個馬達專用的裝置。電流切換裝置與馬達之間的配線

越長，越容易產生各種問題。因此，電流切換裝置一般會設置在與馬達非常靠近的地方。經常可看到電流切換裝置設置於馬達外殼內部，組成一體化的無刷馬達。

下圖為電流切換裝置與馬達本體一體化後的無刷馬達剖面圖。磁極感應器位於永久磁鐵轉子的一端，用於檢測磁極位置。

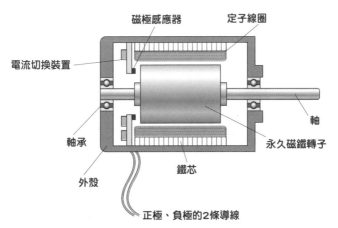

磁極感應器　　定子線圈

電流切換裝置

軸

軸承

永久磁鐵轉子

外殼

鐵芯

正極、負極的2條導線

▲ **無刷馬達的內部結構**（一體化形式）

我們可使用磁極感應器，以磁力檢測出N極或S極。有些馬達則會在轉子上加裝有特殊蝕刻的圓板，再由光是否被圓板遮蔽來判斷馬達的旋轉位置。這種透過感應器驅動的電流切換裝置，稱作**驅動器**。

從外部供應直流電壓給已與驅動器一體化的馬達，便可驅動馬達旋轉。換句話說，與使用電刷的DC馬達一樣。

24 無刷馬達的旋轉速度有上限嗎？

無刷馬達也叫做**無刷DC馬達**。⑪介紹的馬達分類中之所以沒有提到無刷DC馬達，是因為無刷DC馬達的使用方式與永磁DC馬達完全相同。

　　從無刷馬達的驅動器輸入的直流電壓，相當於從永磁DC馬達的端子輸入的直流電壓。這表示，我們可以用永磁DC馬達的特性式（**參照** ⑮），表現出無刷馬達的電壓與電流特性。也就是**轉矩與電流成正比**這個基本特性，以及**改變電壓可控制轉速**這個永磁DC馬達的方便性。無刷馬達也具有這些特性。

　　不過，若問「是否所有特性都與永磁DC馬達相同？」卻也並非如此。兩者有一個地方不同。那就是，**電流切換裝置的電流有上**

限。所以無刷馬達有電流上限，轉矩自然也有上限。下圖顯示出了無刷馬達的特性。

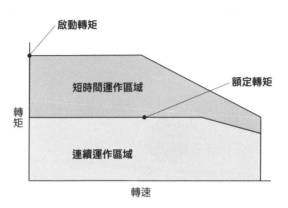

▲ 無刷馬達的特性

　　圖中的轉矩上限為一個固定數值，這也表示電流的上限。圖中還分成了短時間運作區域與連續運作區域。這是因為電流切換裝置的電流會讓溫度上升，為了避免長時間運作導致溫度過高。

　　電流切換裝置會用到電晶體等半導體作為開關。流經半導體的電流有其上限。如果有很大的電流持續通過半導體，半導體的溫度就會大幅上升。半導體有所謂的**上限溫度**，若有一瞬間超過這個溫度，半導體就會壞掉。

　　當然，如果電流切換裝置的電流上限越高，特性曲線就越接近⑯中的永磁DC馬達。不過，考慮到馬達的現實大小與成本，一般會使用適當的驅動器控制電流，使馬達在適當的轉矩下運作。

25 無刷馬達的電流切換

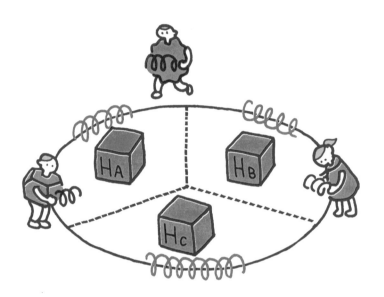

本節讓我們再進一步說明無刷馬達的電流切換。上方插圖為無刷馬達的結構示意圖，一個馬達有A～C共3個線圈。

磁極感應器共有3個，H_A～H_C分別對應到各個線圈。若在磁極感應器裝上霍爾元件，就能透過霍爾元件發出的訊號切換各個線圈的電流。當電流通過**霍爾元件**時，電流的大小與方向會隨著磁極的極性與磁場大小而產生變化。所以我們可以透過霍爾元件的電流變化訊號，得知磁極位置。

讓我們透過**時間圖**來看看切換電流的時機吧。時間圖可用於表示「各元件在不同時間點的狀態」，橫軸為時間，縱軸為元件的運作情況。

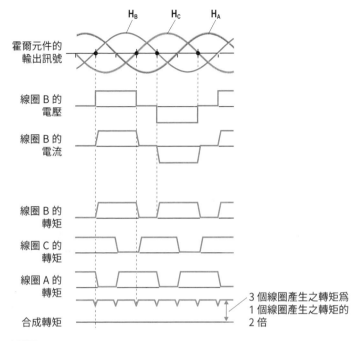

線圈 B 的
電壓

線圈 B 的
電流

線圈 B 的
轉矩

線圈 C 的
轉矩

線圈 A 的
轉矩

合成轉矩

3 個線圈產生之轉矩為
1 個線圈產生之轉矩的
2 倍

▲ 時間圖

　　霍爾元件發出的訊號會隨著轉子磁鐵的旋轉位置，呈現**正弦波狀**變化。正弦波為示意圖中「霍爾元件的輸出訊號」H_A・H_B・H_C等形狀規律的波。

　　這裡讓我們把焦點放在**線圈B**上。**霍爾元件**H_B的輸出由負向轉為正向時（**零交叉**，圖中以•標示的地方），會開始對**線圈B**施加正電壓。此時電流會緩慢上升。電壓突然上升時，線圈中的電流並不會馬上增加，而是會緩慢增加。這種性質稱作**暫態現象**。

　　而當**霍爾元件**H_C的輸出由負向轉為正向，即零交叉時，**線圈B**的正電壓會歸零。在此之後，當**霍爾元件**H_B的輸出由正向轉為負向，即零交叉時，**線圈B**會被施加負電壓。同樣地，這個電壓會在**霍爾元件**H_C發生零交叉時歸零。

　　如上所述，電流交替流入各個線圈，使各個線圈產生轉矩。轉矩與電流成正比，因此轉矩也會像電流一樣緩慢上升。軸的轉矩為

各線圈轉矩的合成結果，幾乎保持固定。而在切換電壓時，轉矩會稍微降低，這個現象叫做**轉矩漣波**。

愛迪生發電機

　　DC馬達也用在發電機上。……這樣的描述在根本上有一些問題。**一開始發明出來的其實是直流（DC）發電機，之後才發明出馬達**，這樣說明才正確。

　　19世紀末起，人們便開始將電力用於照明。一開始的發電機為**直流發電機**，商用發電機也是直流發電機。當時使用的電燈為**弧光燈**。弧光燈是在電極之間施加電壓，再運用放電時產生的光來照明，與**HID燈泡**的原理相同。因為弧光燈本身的特性，需要**以固定電流驅動**（必須保持電流固定）。所以街道上的弧光燈為串聯連接，而直流發電機也改良成可持續供應固定電流的形式。

　　在這之後，**白熾燈**誕生。白熾燈需要固定的電壓。因此街道上的白熾燈為並聯連接，發電機必須供應固定電壓。而供應白熾燈電力的發電機，則是採用**並聯繞組形式**的直流發電機。這種發電機的性質與並聯繞組馬達相同，即使電流改變，仍可讓電壓保持在一定範圍內。這種並聯繞組形式的直流發電機為愛迪生提出的構想，故稱作**愛迪生發電機**。

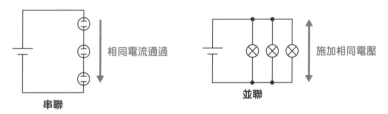

串聯　　　　相同電流通過　　　　並聯　　　　施加相同電壓

▲ 串聯連接與並聯連接

3

克服缺點！無刷馬達

26 無刷馬達的優點

無 刷馬達有個很大的特徵，那就是「沒有電刷的磨耗」，此外
還有很多優點。首先是它的形狀。有電刷的DC馬達中，電
刷與整流子必須配置在馬達的軸上。因此即使把馬達做成扁平狀，
整流子也必須做成長條狀，朝著軸的方向延伸。不過無刷馬達並不
需要整流子，只要有馬達必須的磁場系統，以及確保電樞必要的厚
度，就可以建構出一個無刷馬達。

此外，由於轉子是磁鐵，因此可以輕易實現薄型**軸向氣隙結構**
（**參照** ⑫ ）。只要將圓板型的磁鐵作為轉子即可，如此便能讓馬達
變得更薄。

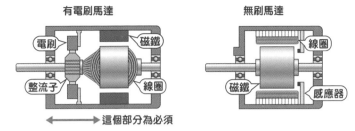

▲ 有電刷馬達與無刷馬達的軸向長度差異

需要驅動器為無刷馬達的缺點，但是只要驅動器**與馬達一體化**（ **參照** ㉓ ），就不需要另外配線了。因此，許多無刷馬達的驅動器與馬達本體為一體化設計。

另外，還有人提出了「既然需要電流切換裝置，何不將線圈直接放在電流切換裝置的印刷電路板上，讓馬達變得更薄呢？」的概念。使用碟狀驅動器的無刷馬達為軸向氣隙結構，線圈鑲在印刷電路板上，圓盤狀的轉子則配置於線圈上。這種結構的馬達也叫做**印刷馬達**。

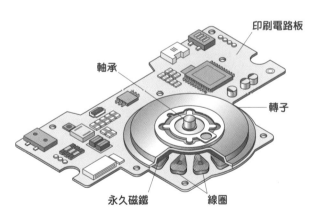

▲ 裝在印刷電路板上的無刷馬達

無刷馬達在性能面上也有其優點。永久磁鐵DC馬達的轉矩改變時，轉速也會跟著改變。而無刷馬達的轉矩改變時，轉速也能保持一定。我們可以透過磁極感應器的訊號知道馬達轉速，所以可藉此控制轉速。

　　除此之外，當馬達出現異常時，電流切換裝置可感知到異常並發出警告。當然，電流切換裝置需裝有**單晶片**[※6]才有這種功能。總之，無刷馬達運作時可視為一個馬達驅動系統，因此可做到各式各樣的事。

※6　Microcomputer。為控制電路的半導體晶片。

27 轉子使用的永久磁鐵 會大幅影響馬達的性能

稀土元素

若永久磁鐵在定子上，那麼當我們想提升馬達性能時，加大磁鐵是最簡單的方法。但無刷馬達的**永久磁鐵是在轉子上**。加大永久磁鐵的話，轉子也會變得更大。所以無刷馬達的性能與大小很容易受到磁鐵的影響。

馬達使用的永久磁鐵大致上可分為**鐵氧體磁鐵**與**釹磁鐵**2種。鐵氧體磁鐵是以氧化鐵（鐵鏽）化合物為主要原料，加熱固化而成的磁鐵。這種「加熱固體粉末，使其在低於熔點的溫度固化」的過程，稱作**燒結**。

釹磁鐵是以釹化合物為主要原料，加熱固化而成的燒結磁鐵。除了釹以外還含有**稀土元素**，因此也稱作**稀土磁鐵**。

燒結後的磁鐵為固態，但質脆易碎，無法切割或在上面開洞，只能先在鑄模內塑形後燒結，最後稍微修飾外表後完成。所以，形狀單純的磁鐵製造起來比較容易，燒結磁鐵一般會製作成平板、圓弧狀。

　　如果需要形狀複雜的磁鐵，便會用到**膠合磁鐵**。膠合磁鐵是利用樹脂或是橡膠等，將燒結磁鐵的粉末黏合成形的磁鐵，也稱作**塑膠磁鐵**。某些種類的膠合磁鐵可以用射出成型方式製造。膠合磁鐵可自由製成想要的形狀，但磁鐵成分並非百分之百，所以性能也比較差。

　　如下圖所示，我們可以用**殘留磁通量密度**與**保磁力**來表示磁鐵性能。殘留磁通量密度表示該磁鐵內部的磁化強度，保磁力表示抵抗外部逆向磁場的強度。特性曲線各點的**磁通量密度B**與**磁場H**的乘積並不固定，而是存在最大值。這個最大值稱作**BHmax**，或是**最大磁能積**。BHmax常被視為磁鐵的性能指數。

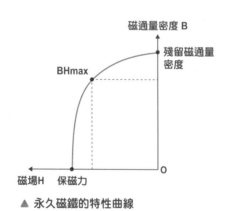

▲ 永久磁鐵的特性曲線

下圖與下表為馬達所使用的3種永久磁鐵的比較結果。

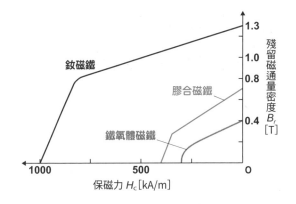

▲ 各種永久磁鐵

磁鐵種類	殘留磁通量密度	保磁力	BHmax
釹磁鐵	1.3 T	1000 kA/m	300 kJ/m³
膠合磁鐵（釹）	0.7 T	400 kA/m	100 kJ/m³
鐵氧體磁鐵	0.4 T	300 kA/m	30 kJ/m³

由圖表中可以看出，釹磁鐵的殘留磁通量密度與保磁力皆明顯大於另外兩者。釹磁鐵是20世紀末發明的新型磁鐵，大幅影響了馬達的性能。

在釹磁鐵登場後，不只是使用永久磁鐵作為轉子的無刷馬達，就連Chapter 4以後提到的AC馬達也受到了很大的影響。我們會在 ㉟ 中，進一步說明釹磁鐵對馬達造成的影響。

28

鐵芯並不是
單純的線圈軸

我們在 ⑭ 中曾提過，為了增強磁力，馬達的線圈會纏繞在鐵芯上。也就是說，馬達內的鐵芯為線圈的軸。不過鐵芯的角色不僅如此。

　　每種物質讓磁力通過的容易程度並不相同。磁力通過某物質的容易程度稱作**磁導率**，磁導率越高的物質，磁力就越容易通過[7]。鐵的磁導率大約為空氣的1000倍，屬於相當容易讓磁力通過的一種物質。

---

[7]　相對地，物質阻礙磁力通過的能力稱作**磁阻**。

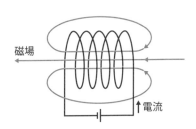

▲ 空氣中的線圈

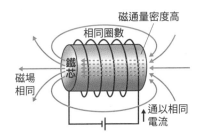

▲ 纏繞在鐵芯上的線圈

　　線圈通以電流之後，周圍會產生磁場。磁場強度**與電流及線圈的圈數成正比**。不過，即使磁場強度相同，磁通量卻會因為物質的不同而有所差異。磁導率高的物質，磁通量也比較大。**磁通量密度**可計算如下。

磁通量密度　磁通量密度（單位面積的磁通量）

$$B = \mu H$$

磁導率 — μ、磁場強度 — H

　　由此可以看出，線圈纏繞在鐵芯上時，磁通量密度比空氣中的線圈（**空心線圈**）還要高。同時，離開鐵芯進入空氣中的磁通量也會增加。空氣中的磁通量密度增加，且磁力線可擴散至遠處。這表示在有鐵芯的情況下，線圈的磁力會變得更強。

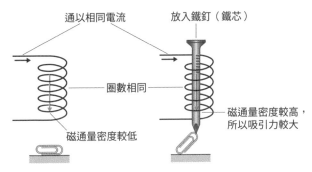

▲ 空心與鐵芯的比較

之所以將馬達的線圈纏繞在鐵芯上，是為了提高磁通量密度。不論線圈是作為定子還是轉子，都會纏繞在鐵芯上。通常鐵芯上會設計**溝槽**，將線圈配置於溝槽內。下圖為一般馬達的鐵芯與線圈的示意圖。DC馬達自不用說，Chapter 4會提到的AC馬達也會使用鐵芯。

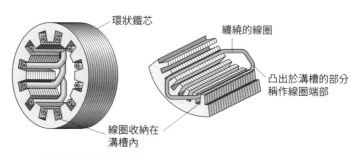

環狀鐵芯

纏繞的線圈

凸出於溝槽的部分
稱作線圈端部

線圈收納在
溝槽內

▲ 一般馬達的鐵芯與線圈

幾乎所有馬達都會使用鐵芯，不過超小型馬達不會使用鐵芯，而是用樹脂固定線圈。這種馬達稱作**空心杯馬達**。

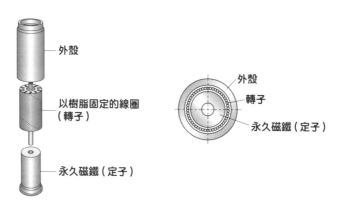

外殼

以樹脂固定的線圈
（轉子）

永久磁鐵（定子）

外殼

轉子

永久磁鐵（定子）

▲ 空心杯馬達的結構（以永久磁鐵DC馬達為例）

使用電晶體作為開關

　　無刷馬達會使用半導體作為開關切換電流。用於開關的半導體主要為**電晶體**。電晶體是用於開關、放大訊號的半導體。

　　接下來則要說明電晶體作為開關使用時的運作原理。如下圖所示，電晶體有3個端子。**B**為**基極**、**C**為**集極**、**E**為**射極**。集極與電源的正極相連，射極與電源的負極相連。基極稱作**控制端子**，我們會從這裡輸入開關訊號。若輸入ON訊號，電晶體就會進入ON狀態，電流會從集極流往射極。若不再對基極輸入訊號，則相當於輸入OFF訊號。此時，電晶體會進入OFF狀態，使集極與射極之間沒有電流通過。

　　要使電晶體轉為ON狀態，只要讓很小的電流通過基極即可。需要的電晶體大小，取決於ON狀態下的電流大小（**集極電流**），與OFF狀態下的電壓大小（**集極與射極間的電壓**）。這是「無刷馬達的電流有上限（ **參照** ㉔ ）」的理由之一。

　　因為有用到電晶體，所以過去也將無刷馬達稱作**電晶體馬達**。除此之外，有些公司會因為無刷馬達有用到霍爾元件，稱其為**霍爾馬達**。

▲ **電晶體的ON與OF狀態**（NPN電晶體）

無 人 機 與 無 刷 馬 達

　　無人機顧名思義為無人操控的飛行器。精確來說，無人機指的是無人操控、自動操控，或是能夠遠端操控的飛行器。

　　近十年來，無人機越來越常見，但應該很少人會認真觀察各種無人機的外觀差異。在小型無人機中，最常見的是有多個旋翼的**多軸飛行器**。

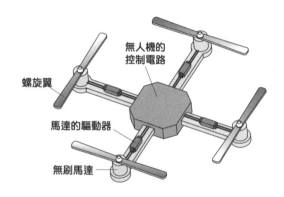

螺旋翼

無人機的
控制電路

馬達的驅動器

無刷馬達

　　多軸飛行器經常使用無刷馬達，而且是輸出為數kW以上，轉速4000轉以上的高轉速馬達。

　　玩具無人機等較便宜的無人機也可能會使用DC馬達，但因為有電刷的磨耗，壽命較短。無人機之所以選用無刷馬達，就是希望能解決電刷磨耗的問題。

4

目前的主流！
AC馬達

本章會說明目前的主流——AC馬達。提到馬達的時候，經常會聽到「三相交流」之類的詞，聽起來好像有點難，本章會盡可能簡單說明這些名詞，希望各位能耐心閱讀理解。

29 直流、交流、三相交流分別是什麼？

電力可分成**直流電**（DC）與**交流電**（AC）。直流電的電流會朝著固定方向流動，交流電的電流方向（正向與負向）則會週期性改變。交流電的電流方向在一秒內改變的次數，稱作**頻率**，以**[Hz]**（赫茲）為單位。第81頁的圖為50Hz交流電的示意圖，電流方向在一秒內可切換正負向50次。

以我們身邊的事物為例，乾電池為直流電，插座為交流電。我們平常使用的家電，可以分成需要電池的家電，以及需要插插頭的家電，這些家電分別透過直流電或透過交流電驅動。

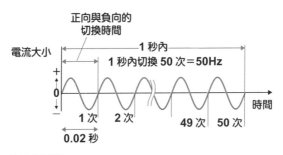

▲ 單相交流電（50Hz）

馬達也可分成直流與交流。以直流電驅動的馬達就如先前說明的DC馬達，以交流電驅動的馬達則如接著要說明的AC馬達。

AC馬達使用交流電中的**三相交流電**驅動。一般家中的插座有2個插孔，因為它是使用2條電線來供應電流，屬於單相交流電。另一方面，三相交流電指的是用3條電線供應電流的方式。一般家庭不會看到這種交流電，卻是工廠中常見的供電方式。

若將馬達直接接上單相交流電，因為正負極會快速切換，所以線圈內的電流方向也會迅速切換。考慮到我們介紹DC馬達時曾提過的馬達原理，如果電流方向快速切換，產生的力的方向也會快速切換，使馬達無法持續旋轉。但如果使用三相交流電的話，馬達就能順利旋轉了。

三相交流電是3組單相交流電合成後的交流電。不過，線路數目並非2條×3組的6條，而是只用3條電線供應電力，為三相交流的一大特徵。三相交流有個重要性質，那就是**3條電線中，必有1條電線的電流為逆向**，這樣才能讓馬達轉動。

4

目前的主流！AC馬達

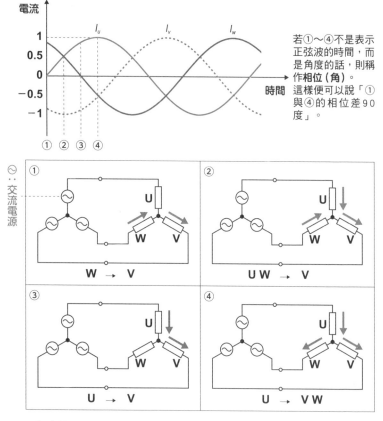

若①～④不是表示正弦波的時間，而是角度的話，則稱作**相位（角）**。這樣便可以說「①與④的相位差90度」。

▲ 三相交流

　　圖中的I_u、I_v、I_w分別表示3條電線的電流。時間為①時，電流從W流向V，不會流向U。時間為②時，電流會從U與W流向V。時間為③時，電流只會從U流向V。所以說，在三相交流中，流入與流出電流的路徑會持續切換，在任何時間點，至少有一條電線中有電流通過。

　　在任何時間點，至少有一條電線中有電流通過，是三相交流的一大特徵。在單相交流中，電流會在正負間擺盪，所以必定會出現電流為零的瞬間。如果改用三相交流，那麼不論何時都會有電流通過，使馬達能夠持續轉動。

吸 塵 器 馬 達 的 超 高 速 旋 轉

　　我們周圍的家電中，馬達轉速最高的家電大概就是吸塵器了。馬達會大幅影響吸塵器的性能。

　　集塵袋式的吸塵器經常會使用100V的單相交流高速**通用馬達**（ 參照 ㊻ ）。這種馬達可讓渦輪扇以每分鐘10000轉的速度旋轉。一般AC馬達的最高轉速受限於頻率[※8]，所以必須使用增速機。如果不想使用增速機的話，就得使用通用馬達。

　　漩渦式吸塵器則會使用**永磁同步馬達**（ 參照 ㊱ ）或是**SR馬達**（ 參照 ㊺ ）。漩渦式吸塵器是靠離心力分離垃圾，而離心力與轉速成正比，因此必須使用轉速比集塵袋式吸塵器更高的馬達。永磁同步馬達與SR馬達可在**逆變器**（ 參照 ㊵ ）的作用下以超高速運轉，還有體積小、效率高等優點。而且，驅動這種馬達的逆變器可以使用直流電。這也方便電器使用電池等直流電作為電源，可進一步製成不需插電的電器。

4

目前的主流！AC馬達

※8　家庭用插座的交流電頻率，稱作**電源頻率**。每個國家的電源頻率都不一樣，一般是50Hz或60Hz，日本則是比較罕見的例子，2種頻率都有使用。大致上來說，東日本使用的是50Hz，西日本使用的是60Hz。50Hz表示電流會在一秒內切換正負向50次。

30 磁場的旋轉

如 果AC馬達要使用三相交流電，馬達必須裝有**三相線圈**。如下圖所示，裝有三相線圈的馬達中，圓周每隔120°就有一個線圈。

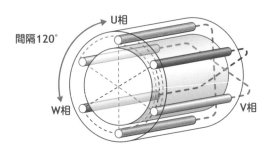

間隔120°
U相
W相
V相

▲ 三相線圈

三相線圈通以**三相交流電**後，3個線圈中必有1個線圈為逆向電流。假設某瞬間的U相為正向電流，V相與W相為負向電流（p82圖中的④），觀察此時三相線圈的電流方向可得到如右圖般的樣子，同一個半圓周內的電流方向相同。圖中的⊗與⊙表示電流的方向。⊗表示電流穿入紙面，⊙表示電流穿出紙面。

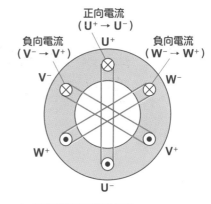

▲ 三相線圈的電流方向

而且因為使用的是交流電，電流的大小會隨著時間經過而產生變化，正向電流與負向電流會產生移動。因此，電流分布會跟著馬達旋轉。

這裡讓我們回想一下在④中曾說明過的事。**電流周圍會產生磁場**。**電流的正極側與負極側**周圍會**產生N極與S極的磁場**。當電流分布跟著馬達旋轉時，這個磁場也會持續移動。也就是說，**磁場會跟著一起旋轉**。考慮線圈內側的情況，磁力線穿出的地方為N極，磁力線穿入的另一邊是S極，而這個N極與S極會持續旋轉。

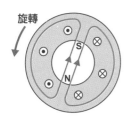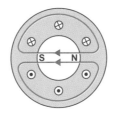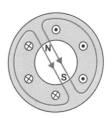

▲ 磁場的旋轉

這種磁場稱作**旋轉磁場**。我們可以用通以三相交流電的三相線圈建構出旋轉磁場，再用旋轉磁場驅動馬達旋轉。旋轉磁場可以說是AC馬達的基礎。

31 為什麼AC馬達會旋轉？

若能建構出旋轉磁場，就能驅動AC馬達旋轉。那麼具體來說，旋轉磁場會如何轉動AC馬達呢？首先讓我們思考關於**同步馬達**的情況。

同步馬達是具代表性的AC馬達之一，馬達的**轉速和交流電的頻率同步**。與之後會提到的感應馬達相比，可精密控制馬達的轉速為同步馬達的一大特徵。關於「**同步**是什麼意思」這點，也可參考之後的 ㉜ 。

同步馬達的**定子上有三相線圈，轉子則是永久磁鐵**。使三相線圈通以三相交流電，就能在內側產生旋轉磁場。位於旋轉磁場內側之轉子的N極與S極會被旋轉磁場吸引而旋轉。同步馬達就是運用

磁鐵的旋轉來轉動其他東西的馬達。下圖為永久磁鐵轉子的示意
圖，如果轉子是纏繞線圈的電磁鐵，亦會在相同原理下旋轉。同步
馬達的轉子轉速與旋轉磁場的轉速相同。

▲ 同步馬達的原理

　　另一個具代表性的AC馬達為**感應馬達**。感應馬達的原理說明
起來可能會有些複雜。

　　感應馬達的基本原理是名為**電磁感應**的現象。電磁感應是由磁
場變化產生電動勢的現象。

　　通以交流電之後，電流的方向反覆切換，使N極與S極跟著切
換，這會讓交流電線路周圍的磁場跟著改變。此時，磁場內部的線
圈會產生電磁感應，進而產生電動勢。電動勢是驅動電流的力量，
因此線圈內會產生電流。感應馬達就是運用這種現象轉動的馬達。

　　感應馬達的**定子與同步馬達相同**，使三相線圈通以三相交流電
後，便可產生旋轉磁場。感應馬達的特徵在轉子。**感應馬達的轉子
為短路線圈**。所謂的**短路線圈**，指的是如第88頁的圖般的環狀線
圈。作為定子的旋轉磁場旋轉時，靜止的轉子線圈會因為電磁感應
而產生電流。在電磁感應的影響下，通過轉子的電流會因為旋轉磁
場而產生電磁力，這個電磁力便可驅動感應馬達旋轉。

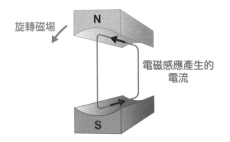

▲ 感應馬達的原理

　　當轉子轉速與旋轉磁場相同時，對轉子線圈而言，磁場就和沒有變化一樣，所以不會產生電磁感應。也就是說，如果感應馬達的轉速與旋轉磁場相同，馬達就不會旋轉。感應馬達的實際轉速會比旋轉磁場還要低一些。實際上的感應馬達轉子會使用好幾個短路線圈，如下圖所示。

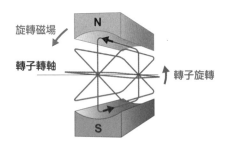

▲ 感應馬達的轉子

基礎建設與ＡＣ馬達

電力、瓦斯、自來水等**基礎建設**為構成社會運作基礎的設備。天然氣、公共自來水設施等都會用到馬達。

公共自來水設施會在儲水池、河川等地方設置取水口，以泵浦汲取用水。抽取上來的水經過消毒、過濾後會送至各地，運送過程的每個階段也需要泵浦驅動。這個過程中所使用的泵浦，會用到數十台數百kW的感應馬達。

天然氣或是液化石油氣也需要馬達協助運送。油輪運送進來的**LNG**（**液化天然氣**）會透過泵浦的馬達運送到儲藏槽儲藏。之後再氣化成天然氣，送至各個需要的家庭。運送天然氣時需要以壓縮機加壓。正如我們在**專欄5**中提到的，壓縮機也會用到馬達。

天然氣需要經過特殊管線輸送。在長距離的輸送過程中，每隔一定距離會設置一個壓縮機，以保持天然氣的壓力。以前這類大規模設施都會使用**燃氣渦輪**壓縮、運送天然氣，後來因為馬達比較節能，所以越來越多設施改用感應馬達、同步馬達等AC馬達。

4

目前的主流！ＡＣ馬達

32 AC馬達的轉速與 交流電的頻率

 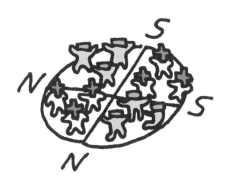

AC馬達的轉速與交流電的**頻率**有關。頻率指的是電流在一秒內切換方向的次數。50Hz表示電流在一秒內共有50組正負向電流（一組正負向電流為一個**週期**）。

　　另一個與AC馬達轉速有關的馬達特性就是**極數**。極數指的是定子上的三相線圈有幾組。如第91頁的圖(a)所示，如果定子上有一組三相線圈的話，那麼電流所產生的旋轉磁場會生成N極與S極各一個磁極，是所謂的**2極**。而圖(b)中有2組三相線圈，便會生成4個磁極，是所謂的**4極**。總而言之，極數指的就是定子上的三相線圈數目。

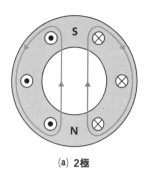

(a) 2極　　　　　　　　　(b) 4極

▲ 三相線圈的極數

同步馬達的轉速與電流頻率成正比。兩者間的關係可以用數學式表示如下。

同步馬達的轉速

$$N_0 = \frac{120 \, f}{P}$$

頻率[Hz]
同步轉速[min⁻¹]
極數

上述這條式子顯示，轉速N_0與電流頻率f成正比，與極數P成反比。舉例來說，頻率$f=60$Hz的2極（$P=2$）馬達，轉速為$N_0=3600$min⁻¹；如果極數為8極（$P=8$），則轉速變為**1/4**，即**900min⁻¹**。

轉速與電流頻率成正比的現象，稱作**同步**。所以同步馬達的轉速N_0，稱作**同步轉速**。

在感應馬達中，轉子的轉速比旋轉磁場還要慢，換句話說，兩者並非同步。兩者的轉速差會以**轉差**來表示。轉差為轉子同步轉速與實際轉速之差和同步轉速的比例。

$$轉差 = \frac{同步轉速 - 實際轉速}{同步轉速}$$

感應馬達的轉速計算式如下所示。

感應馬達的轉速

$$N = \frac{120\,f}{P}\,(1 - s)$$

頻率[Hz]・轉差・轉速[min⁻¹]・極數

這裡的 s 就是轉差。由上述這條式子可以知道，感應馬達的轉速 N，不只與頻率 f 及極數 P 有關，也與轉差 s 有關。

一般來說，轉差 s 會在0.1（10%）以下。舉例來說，假設有一個頻率 f=60Hz的2極（P=2）感應馬達，轉差 s=0.05，那麼它的轉速就是 N=3420min⁻¹。感應馬達的轉速會比同步馬達的轉速還要慢一些。

停電時也不能使用自來水

「停電的時候也不能使用自來水」，你有過這樣的經驗嗎？這是因為大樓或公寓的自來水管會用到馬達。

公共自來水的水壓只能讓水上升到二樓左右。所以三樓以上的建築物要用自來水的話，就得提升水壓。以前的大樓會在屋頂設置水槽，依照需求用泵浦將一定量的水汲取到水槽內。此時使用的泵浦一般是感應馬達，馬達只有在汲水的時候才會運轉。因為水槽在很高的位置，所以每一層樓的自來水水壓都很高。

不過近年來，屋頂水槽越來越少見了，為什麼會這樣呢？這是因為有許多家庭改用**逆變器**（ **參照** ⑩）來控制泵浦。泵浦與自來水管直接相連，提高水壓至需要的壓力，稱作**直接加壓方式**。控制泵浦的馬達轉速便可調整水壓。若採用直接加壓方式，便不需要屋頂的水槽。

其他像是各樓層的消防栓，也會設置泵浦藉以提高噴水時的壓力。不過，只有火災時才會用到這種馬達，可以的話希望永遠都不會用到。

4

目前的主流！AC馬達

33　AC馬達的詳細分類

前面我們介紹了同步馬達、感應馬達等具代表性的AC馬達，這2種AC馬達還可再分成多種馬達。同步馬達可以依照**磁場系統**（**參照** ⑰）分成兩大類。

磁場系統為產生磁場的部分，可分為**繞組磁場系統型**（繞組型同步馬達）以及**永磁磁場系統型**（永磁同步馬達）。繞組磁場系統是線圈通以直流電後產生磁場的磁場系統。第95頁的圖即為繞組型同步馬達的模式圖。

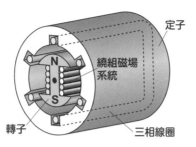

▲ 繞組型同步馬達

　　轉子的線圈接上直流電之後，轉子上會生成N極與S極2個磁極，因此我們可以把它想成是㉛中曾經提過的，使用永久磁鐵的同步馬達。而且與永久磁鐵不同，可以透過調節電流大小來調整磁力。這表示可以藉由改變磁場來控制馬達轉速。因此，通過磁場系統線圈的電流，也可以稱作**勵磁電流**。多數馬達皆如上圖所示，使用旋轉磁場系統；但也有一些馬達如下圖所示，使用**旋轉電樞**。不論是哪種，轉子內都有繞組，因此需要供應電流給旋轉中的轉子，亦即需要用到電刷。

　　轉子的線圈會與名為**滑環**的旋轉電極相連，持續接觸電刷。滑環與DC馬達的整流子不同，電流方向不會一直切換，整個圓周只有一個電極。

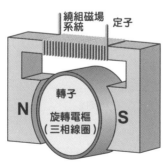

▲ 使用旋轉電樞的同步馬達

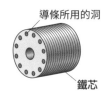

導條所用的洞　　　端環

鐵芯　　　　　　　導條

鼠籠型導體　　　　實際外觀

▲ 鼠籠型轉子

感應馬達可依轉子形式分類。轉子有**鼠籠型**與**繞組型**2種。中型以下的馬達幾乎都是**鼠籠型感應馬達**。之所以叫做鼠籠型，是因為轉子內部的導體形狀和籠子類似。

鼠籠型轉子上有名為**導條**的棒狀導體連接兩端的端環，使其短路。不過，實際拆開感應馬達觀察轉子時，看不到鼠籠型導體，因為鼠籠型導體位於轉子鐵芯的內部。

繞組型感應馬達的轉子上纏繞著三相線圈。線圈的一端透過電刷連接外部電路。外部電路會讓轉子線圈短路，或者接上電阻。繞組型馬達可以調節轉子的電阻大小，控制轉速或是轉矩。過去經常使用大型繞組型感應馬達，現在則陸續換成了**以逆變器驅動**（ 參照 ㊵ ）的鼠籠型感應馬達。

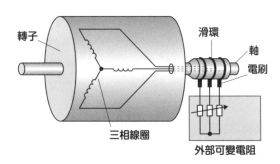

轉子　　　　　　　　　　　　滑環
　　　　　　　　　　　　　　　　軸
　　　　　　　　　　　　　　　電刷

三相線圈

外部可變電阻

▲ 繞組型轉子

馬達分類複習

　　前面我們提到了多種馬達。乍看之下有些複雜，這裡來複習一下前面提過的內容。如同我們在 ⑪ 中提到的，馬達最基本的分類是依照電源電流分成直流電與交流電。較常見的例子像是用乾電池驅動，或是需要接上插頭。我們可以藉此將馬達分成DC馬達或AC馬達。接著可再依「磁場系統種類」、「轉子種類」、「轉動原理」等，分成更細的分類。

　　除了依照電源電流分類之外，還能依照形狀分類，例如我們在 Chapter 2中介紹的「軸向氣隙馬達」。

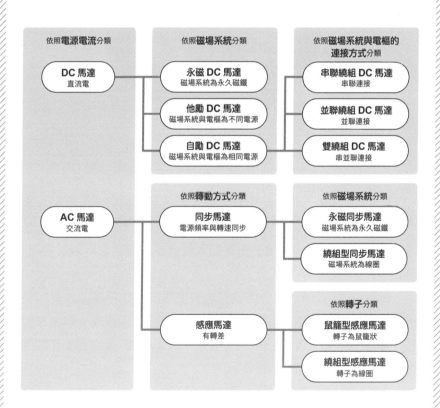

34 單相也能旋轉的 AC馬達原理

　　單相AC馬達不使用三相交流電，而是用單相交流電驅動。事實上，過去曾經大量使用單相AC馬達。家中插座供應的是單相交流電，而使用單相交流電的家電產品，經常會用到單相AC馬達。

　　單相AC馬達的運轉會用到**雙相馬達**原理。雙相馬達如第99頁的圖所示，2個分離的線圈彼此呈90度。將這2個線圈分別通以**相位**（**參照** 29）相差90度的單相交流電，就能合成2個線圈產生的磁場，使磁場旋轉。

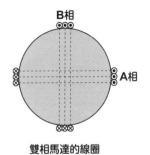

雙相馬達的線圈

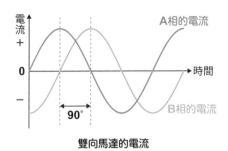

雙向馬達的電流

▲ 雙向馬達的線圈配置與電流

我們可以用**電容**使2個單相交流電產生90度的相位差,這種馬達就叫做**電容式馬達**。電容是一種可以儲存電荷、釋放電荷的被動元件,幾乎所有電子產品都會用到電容。

電容接上電流後,便會讓電流與電壓之間的相位相差90度。所以接有電容的線圈,電流相位會前進90度。這樣就可以生成雙相馬達所需的雙相交流電了。

運用這種原理的電容式馬達轉動的是鼠籠型轉子。電容式馬達過去曾用於各式各樣的家電產品。

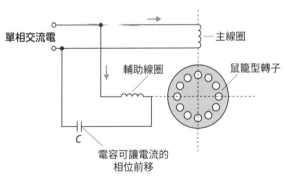

▲ 電容式馬達

除此之外，為了使用單相交流電驅動，還有人設計出一種新的馬達，叫做**蔽極馬達**。蔽極馬達會使用所謂的**蔽極線圈**，蔽極線圈是一種短路線圈，可透過電磁感應產生電流，進而生成磁場。但蔽極線圈生成的磁場會有時間上的延遲。也就是說，單相交流電會產生磁場移動，蔽極馬達則利用這種磁場移動來轉動。

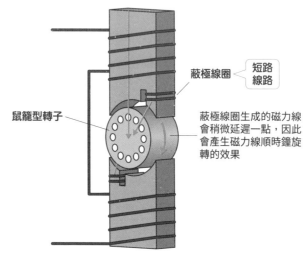

蔽極線圈　短路線路

鼠籠型轉子

蔽極線圈生成的磁力線會稍微延遲一點，因此會產生磁力線順時鐘旋轉的效果

▲ 蔽極馬達

單相同步馬達接上單相交流電的插座後便可同步旋轉，因此可用於電動時鐘、錄音機。不過，現在已經幾乎看不到這些裝置了。

另一方面，單相感應馬達現在仍然可在換氣扇、小型風扇中看到。不過，除了這些小型家電之外，使用單相AC馬達的電器正在逐漸減少中。只要使用**逆變器**，即使是單相交流電源也可以驅動三相AC馬達。我們會在Chapter 5中詳細介紹什麼是逆變器。

電流戰爭

　　19世紀末左右，曾有過名為**電流戰爭**的爭論。這場爭論爭的是，美國新設的發電廠該用交流電還是直流電。主張該使用直流電的是愛迪生的GE公司，主張該使用交流電的則是特斯拉與西屋公司。著名電動車品牌的名稱，就是源自這個特斯拉。

　　這場爭論的最後，決定設立交流電的發電廠。該發電廠設置於尼加拉瀑布，是一座水力發電廠。考慮到長距離的電力傳輸，最後決定採用交流電。

　　之所以使用交流電，有2個主要原因。一個原因是電力長距離輸送時，電力損失較小。除此之外，即使長距離的電力輸送使電壓降低，也可以透過變壓器再次提升電壓。自此之後，世界上所有發電廠都改用交流電。

4

目前的主流！ＡＣ馬達

電燈用或動力用

　　交流電共有**單相交流**與**三相交流**2種。一般家庭使用的主要是單相交流電。不過，日本的商店、公司行號等地方通常會有2個電表，分別寫著「電燈」與「動力」[※9]，這表示這些場所會用到三相交流電。

　　交流電的電流方向會在正向與負向之間來回切換。單相交流電會接上2條電線，電流則在這2條電線之間來來回回。在電流從正向切換到負向的瞬間，電流為零。插插座的白熾燈或是日光燈使用的是單相交流電，每秒鐘有100次或120次電流為零的瞬間。事實上，即使有電流為零的瞬間，燈光也不會消失，只是會稍微變弱一些，所以看起來不會有閃爍的感覺。單相交流電常用於照明，因此電表上會標示「電燈」。

　　另一方面，三相交流電則用於耗電相對較大的地方。三相交流電經常用於馬達，所以常稱作「動力」交流電。三相交流電可乘載較強的電力，因此發電廠或輸電線都是使用三相交流電。此外，三相交流電可產生旋轉磁場，相當適合提供給AC馬達使用。

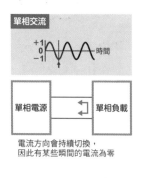

電流方向會持續切換，
因此有某些瞬間的電流為零

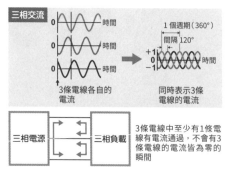

3條電線中至少有1條電線有電流通過，不會有3條電線的電流皆為零的瞬間

▲ 單相交流與三相交流

※9　不同電力公司的稱呼可能不同。

5

進化後的
ＡＣ馬達

馬達在20世紀末快速發展，進入21世紀之後，AC馬達的使用變得更為普及。在**Chapter 5**中會詳細介紹進化後的AC馬達，並說明逆變器、向量控制等相關技術。

35 磁鐵、電力電子學、電腦的進化

20 世紀的最後10年，馬達的相關技術快速發展。首先，**釹磁鐵**的發明對馬達的發展造成了很大的影響。

釹磁鐵是由釹、鐵、硼的化合物（NdFeB）構成的磁鐵。可以製成磁鐵的元素種類不多，僅有鐵、鈷、鎳、某些稀土元素等，而釹磁鐵就是這些元素的組合之一。

釹磁鐵的磁力很強，**BHmax**（ **參照** ㉗ ）是過去常使用的鐵氧體磁鐵的約10倍。因為是磁力很強的磁鐵，所以可製成較小的馬達，性能也提升了許多。

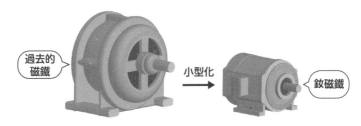

▲ 釹磁鐵使馬達小型化

　　再來，控制馬達所使用的**電力電子學**（Power Electronics）的快速發展也促成了馬達進化。在名為**IGBT**的新型電晶體投入應用之後，電力電子學領域出現了非常大的變化。IGBT的正式名稱為 Insulated Gate Bipolar Transistor，IGBT為其首字母縮寫。過去的電晶體換成了IGBT後，可以更精密地控制交流電。

　　最後，以電力電子學方式控制電力時必備的電腦也有很大的進步。在IGBT投入應用的同時，電腦性能也有很大的進步。開發出了可以進行複雜控制運算的單晶片（ **參照** ㉖），進一步提升了對於馬達的控制能力。

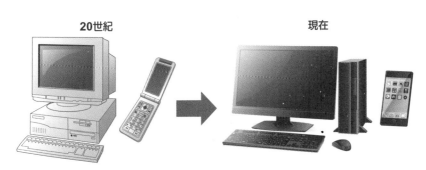

20世紀　　　　　　　　　　　　**現在**

▲ 電腦性能提升

　　馬達的進步，可以說是來自於這些技術的進步。馬達的使用方式也有了很大的改變。電動車與油電混合車也是到了這個時代才逐漸普及。現在，這些進化後的馬達在我們的周圍已隨處可見。

36 永磁同步馬達的出現

在過去很長的一段時間裡，一般是以「轉速可以改變的馬達為DC馬達、轉速固定的馬達為AC馬達」的概念來區分馬達用途。其中，AC馬達中最常使用的是**感應馬達**，如果需要精確轉速的話，則會使用**同步馬達**。不過，這種用途上的分類卻因為馬達的進化而有了很大的改變。

因為強力釹磁鐵的誕生，製作出了小型高效率的**永磁同步馬達**。因為電力電子學的進步，得以精準控制AC馬達所使用的交流電。所以現在的AC馬達，特別是永磁同步馬達已經應用在許多地方上。

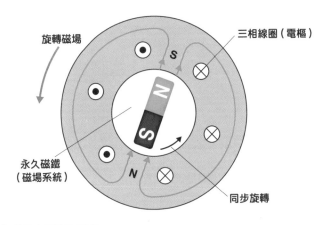

旋轉磁場

三相線圈（電樞）

S

N

S

N

永久磁鐵
（磁場系統）

同步旋轉

▲ 永磁同步馬達的原理

我們已在 ㉛ 中說明過永磁同步馬達的原理。永磁同步馬達的定子為電樞，轉子為磁場系統。

永磁同步馬達會運用電力電子技術中的**逆變器**（ 參照 ㊵ ）所生成的**三相交流電**驅動其旋轉，是永磁同步馬達的一大特徵。過去的同步馬達會直接接上商用電源，因此只能以50Hz或60Hz的轉速旋轉。不過，現在永磁同步馬達已可用逆變器自由控制電流頻率。

此外，永磁同步馬達使用永久磁鐵作為磁場系統，因此不需要生成磁場的**勵磁電流**（ 參照 ㉝ ）。這可以有效提升馬達的電力運用效率。

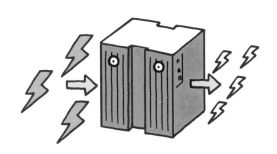

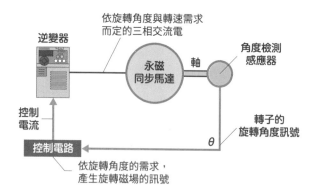

依旋轉角度與轉速需求
而定的三相交流電

逆變器

永磁
同步馬達

軸

角度檢測
感應器

控制
電流

控制電路

θ

轉子的
旋轉角度訊號

依旋轉角度的需求,
產生旋轉磁場的訊號

▲ 永磁同步馬達與逆變器

　　永磁同步馬達還有一個必要元件,那就是**檢測轉子旋轉角度的
感應器**。這個感應器可以檢測出轉子的旋轉角度,逆變器便能依照
這個角度,控制同步的交流電通過。感應器不只要將資訊回饋到轉
速上,也要精準檢測出轉子的旋轉角度才行。

　　因為強力的釹磁鐵、控制交流電的電力電子元件、高性能的電
腦等三者的誕生,使永磁同步馬達逐漸普及,可以說是**21世紀的
馬達**。

電動車的種類與馬達

　　電動車也寫做**EV**，為**Electric Vehicle**的簡稱。

　　提到EV，便會讓人聯想到以電池驅動馬達，再以此為行駛動力的汽車。這個概念並沒有錯，但實際上還會依照驅動機制，將電動車分成以下數類。

- 電池電動車（**BEV**）
- 混合動力電動車（**HEV**）
- 複合動力電動車（**PHEV**）
- 燃料電池電動車（**FCEV**）

　　這些都是用馬達驅動的汽車，它們可再分成只靠馬達驅動，或是以引擎與馬達併用等多種驅動方式。

　　其中，電池電動車（BEV）是只使用車輛搭載之電池作為能量來源的電動車。電池可以儲存直流電，但驅動汽車的馬達卻是AC馬達。以前的電動車會用電池的直流電直接驅動DC馬達，後來隨著能將直流電轉換成交流電的**逆變器**的進步，因為AC馬達有性能與體積上的優點，於是AC馬達逐漸普及。BEV使用的是100kW等級的永磁同步馬達或感應馬達。

5

進化後的AC馬達

37 SPM與IPM的 永久磁鐵位置不同

永磁同步馬達大致上可以分成兩大類，分別是**SPM馬達**以及 **IPM馬達**。SPM為Surface Permanent Magnet的首字母縮寫，意為**表面磁鐵型**。另一方面，IPM為Interior Permanent Magnet的首字母縮寫，意為**內建磁鐵型**或**埋藏磁鐵型**。

接著一起來看看上述這2種馬達分別有哪些特徵吧。首先是 SPM馬達。

SPM馬達的轉子表面有永久磁鐵，結構與無刷馬達的轉子相同。在SPM馬達中，定子的電流與永久磁鐵的磁場會產生轉矩。與無刷馬達的差別在於，SPM馬達為AC馬達，所以會藉由三相交流電生成旋轉磁場。

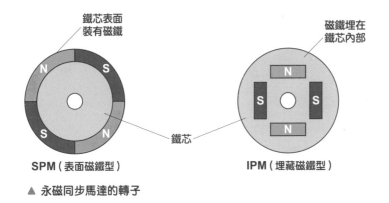

鐵芯表面
裝有磁鐵

磁鐵埋在
鐵芯內部

N   S

S   N

SPM（表面磁鐵型）

鐵芯

N

S   S

N

IPM（埋藏磁鐵型）

▲ 永磁同步馬達的轉子

上圖顯示的永磁同步馬達的轉子皆為4極（ **參照** ㉜ ）。永磁同步馬達的轉速也與轉子的極數有關。

SPM馬達的**磁極在轉子表面**，因此會直接利用永久磁鐵的磁力來轉動。即使是磁力較弱的磁鐵，也能產生一定程度的轉矩。

不過，磁鐵位於轉子表面也是它的缺點。如果將永久磁鐵黏在鐵芯表面，當離心力過大時，磁鐵就有可能會剝離。因此，這種設計僅適用於半徑較小、輸出較小，或者低速旋轉的馬達。如果希望SPM馬達能高速旋轉，就需要在轉子表面纏繞玻璃纖維，或者加上保護套以固定住磁鐵。

IPM馬達是**將永久磁鐵埋藏在轉子的鐵芯內部**。IPM馬達需要磁力很強的磁鐵，所以在釹磁鐵登場後，IPM馬達才投入實用。以前的磁鐵如果埋藏在轉子內的話，磁力會變得過弱，就算有IPM馬達的概念也做不出實用產品。

IPM馬達內埋藏的磁鐵形狀有很多種，如第112頁的圖所示。至於要埋藏在什麼位置，皆因馬達的設計而定。

▲ IPM馬達內埋藏的磁鐵形狀

　　IPM馬達會在轉子的鐵芯內埋藏磁鐵，所以即使高速旋轉，也不會因為離心力而使磁鐵剝離。因此可以製作出轉子半徑較大、輸出較大、高速旋轉的IPM馬達。

　　不過，IPM馬達成功的原因不只這些，**IPM馬達可以輸出很大的轉矩**也是原因之一，因此能夠製作出高效率的馬達。我們會在 ㊳ 中詳細說明這點。

油 電 混 合 車

　　油電混合車（HEV）是同時搭載引擎與馬達的EV。可以分為數個種類。

　　並聯式油電混合車同時接有引擎與馬達的傳動軸，因此可僅用引擎驅動，或者僅用馬達驅動，也可以同時使用兩者產生的轉矩行駛。這種機制稱作**馬達輔助系統**。舉例來說，急加速時，馬達輔助系統可以在瞬間產生爆發力，減少引擎的燃料消耗。

　　串聯式油電混合車則是用引擎驅動發電機，再用發電機發出的電力與電池的電力一起驅動馬達，汽車僅靠馬達的動力行駛。引擎僅用於驅動發電機，並沒有直接供應汽車動力。因為汽車只靠馬達提供動力，所以馬達需要很高的輸出。

　　另外還有串聯與並聯組合而成的**雙馬達**HEV。

　　HEV同時需要引擎與馬達，馬達必須做得很小才行，所以會使用容易小型化的**永磁同步馬達**。

　　與BEV相比，HEV有引擎會排放廢氣，為其一大缺點。但引擎的運轉時間較短，因此廢氣排放量比引擎車還要少。此外，HEV的油耗表現也比引擎車優異。加上HEV可以使用燃料作為能量來源，因此可搭載的能量比只使用電池的BEV來得多。換句話說，HEV的續航距離比較長。

5

進化後的ＡＣ馬達

38 IPM馬達所產生的磁阻轉矩

有一種轉矩不會發生在SPM馬達上，卻會發生在IPM馬達上，那就是**磁阻轉矩**※10。磁阻轉矩是彎曲的磁力線想要伸直時產生的力。之前在 ③ 中也有提到，磁力線有趨於伸直的特性，這裡讓我們再詳細說明一次。

如第115頁的圖所示，鐵製轉子的剖面並非圓形，而是切去某些部位的形狀。這種形狀稱作**凸極**。假設有一條磁力線斜向射入凸極轉子再射出。因為磁力較易通過鐵，較難通過空氣，所以凸極轉子內部的磁力線會彎曲。因為磁力線有趨於伸直的特性，所以會讓

※10 **磁阻**顧名思義就是由磁力產生的阻力。磁阻表示磁力通過的難度，會因為物體形狀的不同而有所差異。**磁導率**表示磁力通過的容易度，是決定物質特性的物理常數。

轉子產生順時鐘方向旋轉的轉矩，這就是磁阻轉矩。而此時產生的力則稱作**麥克斯韋應力張量**（Maxwell stress tensor）。

IPM馬達的轉子鐵芯內部有磁鐵，但磁鐵的磁導率低，磁力難以通過。也就是說，定子線圈的電流所產生的磁力線在穿過轉子時，會被磁鐵妨礙而彎曲。彎曲的磁力線有趨於伸直的特性，因此會使磁鐵產生轉矩，也就是磁阻轉矩。

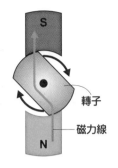

▲ 磁阻轉矩

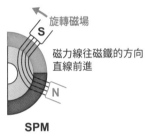

SPM
磁力線往磁鐵的方向直線前進

IPM
磁力線彎曲

▲ IPM馬達的磁阻轉矩

如同㊲所示，IPM馬達埋藏的磁鐵形狀十分多樣。這是因為磁鐵的形狀與位置會改變電磁力產生的轉矩與磁阻轉矩。所以一般會依照馬達的用途設計適當的磁鐵形狀，以符合使用上的需求。IPM馬達在磁阻轉矩的作用下，輸出相當大，因此效率非常高。另外，IPM馬達在低轉速下仍可輸出較大的轉矩，馬達的效率也會較高。

39

以逆變器控制
感應馬達

這裡讓我們先把焦點從同步馬達轉移到感應馬達。感應馬達的轉速與電流頻率並不同步，與同步轉速之間具有所謂的**轉差**（**參照** ㉜）。轉差為感應馬達的一大特徵。

轉差通常只有數個百分點，會因為感應馬達的轉矩而改變。換句話說，轉差會因為負載轉矩的變化而自動改變。因為有這樣的性質，所以感應馬達可以在沒有外部控制的狀況下，自動應對負載的改變。而且與永磁同步馬達不同，感應馬達不需要檢測旋轉角度的感應器。雖然負載的轉矩大小會稍微影響感應馬達的轉速，不過感應馬達的轉速大致上會保持一定。

感應馬達接上商用電源的交流電後，便會以幾乎固定的轉速旋

轉，所以很久以前就把這種馬達作為動力來源。舉例來說，泵浦、風扇等的轉速幾乎不會改變，相當適合使用感應馬達製作。洗衣機與空調等電器也曾使用感應馬達。

在過去，如果想控制感應馬達的轉速，便會使用**繞組型感應馬達**（ **參照** ㉝ ）。如果要控制繞組型感應馬達，必須在外部加上可變電阻，所以馬達外側會有相當大的附加裝置。此外，感應馬達需要電刷，而電刷會有磨耗，必須定期更換。而且，如果使用可變電阻控制繞組型感應馬達的轉速會降低馬達的效率。因此，繞組型感應馬達雖然會用在大型設備上，但是小型機器則會使用**鼠籠型感應馬達**（ **參照** ㉝ ）。一般不會控制這種馬達的轉速，僅用開關控制它的運轉。

不過，隨著電力電子學的發展，狀況也有所改變。感應馬達為AC馬達，如果改變電流頻率，那麼轉速也會跟著改變。與同步馬達不同，感應馬達的電流頻率與轉速並不一致，不過考慮到前面提到的轉差，只要給予特定頻率的交流電，便可讓感應馬達以對應的轉速旋轉。

綜上所述，改變交流電的頻率便可控制感應馬達的轉速。而使用**逆變器**，就能自由改變交流電的頻率。與後面會提到的**向量控制**相比，這種控制方式在精準度上比較差（ **參照** ㊶ ），但就「能夠控制感應馬達的轉速」這點來說，已是很大的進步。

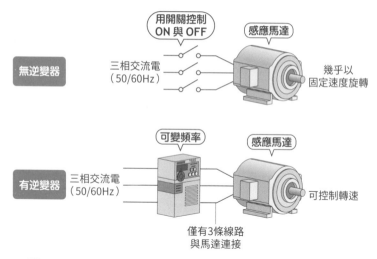

▲ 用逆變器控制感應馬達

　　如果在過去常用的鼠籠型感應馬達上追加逆變器，就能自由控制其轉速。隨著電力電子學的發展，逆變器逐漸小型化且變得更便宜，所以才有了這種方式。這種逆變器稱作**泛用逆變器**，許多馬達上都裝有這種逆變器（**參照** 60 ）。

引擎車的馬達

一般的引擎車內會用到50台以上的馬達。引擎車搭載12V的電池，所以使用的馬達多是以直流12V驅動的**永久磁鐵DC馬達**。有時也會使用無刷馬達或永磁同步馬達。以下介紹其中幾種引擎車內使用的馬達。

• 雨刷

擦拭前車窗的雨刷會來回擺動。馬達的旋轉可透過曲柄零件轉換成來回運動。雨刷使用的馬達為永久磁鐵DC馬達，馬達每旋轉約10次，雨刷就會來回1次。

• 電動輔助轉向系統

輔助轉向系統是輔助方向盤運作的裝置。過去會用油壓產生的力量來輔助方向盤，近年則多改用**電動輔助轉向系統**（EPS）。改用電動輔助轉向系統後，就不需要讓引擎一直轉動油壓泵浦，因此可提升油耗表現。不僅如此，電動輔助轉向系統也是自動駕駛不可或缺的要素。

電動輔助轉向系統需要對車速、轉向轉矩、轉向感等做出許多細緻的控制，因此必須精準控制永磁同步馬達的轉動。不同大小的車輛，馬達輸出也不一樣，一般會使用500W～1kW左右的馬達。

5

進化後的AC馬達

40 逆變器如何控制馬達？

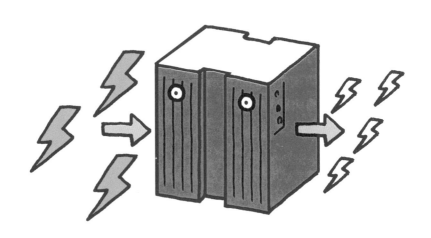

逆變器是能將直流電轉變成交流電的電力電子元件。擁有這種電路的裝置，也叫做逆變器。

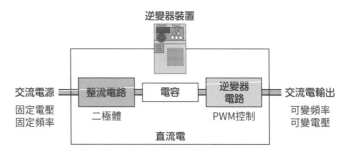

逆變器裝置

交流電源 ── 整流電路 ── 電容 ── 逆變器電路 ── 交流電輸出

固定電壓　　　　二極體　　　　　　　PWM控制　　　可變頻率
固定頻率　　　　　　　　　　　　　　　　　　　　　可變電壓

直流電

▲ 逆變器的機制

在逆變器裝置輸入交流電之後，可輸出任意頻率或電壓的交流電。因此可以把逆變器想像成**可變電壓與可變頻率的電源裝置**。

　　逆變器裝置內部有**整流電路**，可將商用電源的交流電轉換成直流電。電容可以儲存直流電，再透過逆變器電路轉換成交流電。整流電路會用到**二極體**。二極體是一種僅讓單一方向電流通過的半導體。善用二極體的性質，便能將交流電轉變成直流電。

　　透過這樣的機制，便能將輸入的交流電轉變成任意頻率的交流電輸出。而且即使輸入的是單相交流電，也能輸出三相交流電。也就是說，只要使用逆變器，即使是使用單相交流電的家電產品，也能使用三相馬達。逆變器將直流電轉變成交流電的原理，之後會在⑥中詳細說明。

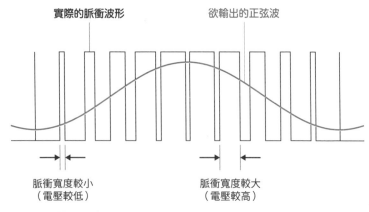

實際的脈衝波形　　　　　欲輸出的正弦波

脈衝寬度較小　　　　　脈衝寬度較大
（電壓較低）　　　　　（電壓較高）

▲ PWM控制的機制

　　逆變器電路會使用**IGBT**（ **參照** ㉟ ）。IGBT可快速切換ON與OFF，產生接近正弦波的交流電。此時會進行**PWM控制**[11]。PWM控制可在輸出連續脈衝的同時，慢慢改變脈衝寬度。依照欲輸出之交流電的波形，改變脈衝寬度。上圖為緩慢切換ON與OFF的示意圖，實際上的IGBT可用10kHz（1秒內1萬次）以上的頻率切換ON與OFF，因此可得到接近正弦波的輸出。

　　逆變器可以進行**V/f控制**。V為馬達的端電壓，f則為頻率。由於電壓與頻率的比例固定，因此馬達內部的磁通量也是固定的。所以即使頻率改變，馬達的性能也不會變。舉例來說，原本設計成**50Hz・200V**的馬達，以**25Hz・100V**的電源運轉時，轉速約為原本的1/2，轉矩或電流等馬達的性能卻幾乎不會改變。過去的鼠籠型感應馬達幾乎不能改變轉速，不過在逆變器問世後，已經可以自由控制鼠籠型感應馬達的轉速了。

※11　Pulse Width Modulation的簡稱。意為「脈衝寬度調變」。

電車的馬達與再生

電車顧名思義,就是靠電力行駛的鐵路車輛,可透過**集電弓**從上方的高架電線接收電力,再用這些電力驅動馬達使車輛前進。

日本JR在來線(註:新幹線以外的日本舊國有鐵路)或私營鐵路的高架電線多使用1500V的直流電。不過,日本國內幾乎所有電車都不是使用DC馬達,而是使用AC馬達中的感應馬達。

馬達位於電車地板下的台車。一節電車車廂裝有2個台車,一個台車有2個車軸,每個車軸都裝有一個馬達。換句話說,一節車廂有4個馬達。若一輛電車有數節車廂,那麼其中幾節車廂可能會沒裝馬達。

一般日本國內的電車會使用輸出為150kW左右的感應馬達,並透過第124頁介紹的**向量控制**來控制轉矩。一節車廂的4個馬達皆由同一個逆變器控制。

電車的馬達有**再生制動**的功能(**參照** ⑥⁴)。減速時,馬達可轉變成發電機,在發電的同時產生制動效果。

再生制動可讓行駛中電車的動能轉換成電能,提供其他電車使用。再生制動這種節能技術不僅能用在電車上,也能用在任何靠馬達行駛的車輛上。相對於再生制動,「靠馬達行駛」的概念稱作**動力運轉**。

5

進化後的AC馬達

41 以向量控制進行更精密的控制

使用逆變器，再加上**向量控制**，可以更精準地控制AC馬達。向量控制的原理很難用簡單的方式說明，這裡讓我們試著不使用數學式來說明什麼是向量控制。

向量控制是將AC馬達內部的旋轉磁場與三相交流電想成是**向量**。理論上，當馬達中的磁場與電流垂直時，產生的轉矩最大。而向量控制就是**控制電流的向量與旋轉磁場的向量，使兩者垂直**。

向量長度為電流或是磁場的大小，向量方向則為交流電的相位（**參照** ㉙）。轉矩與電流大小成正比，因此電流向量的長度可表示轉矩。當我們為了改變轉矩而改變電流時，電流向量的長度也會跟著改變。

此時，為了使電流向量保持相同的方向，便會將電流向量分為x軸與y軸2個分量，並分別控制這2個分量。這樣就能保持電流向量與旋轉磁場向量的垂直關係。

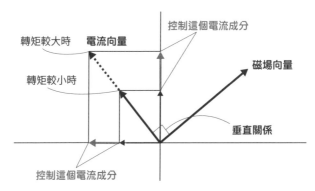

　　▲ 向量控制

5

進化後的ＡＣ馬達

　　簡單來說，馬達電流為正弦波，而我們**控制的是正弦波的振幅（大小）與相位**。向量含有長度與方向，向量的長度相當於正弦波的振幅，向量的方向則相當於正弦波的相位。

　　想要控制向量，需要的是可以檢測出轉子旋轉角度的感應器，以及可精準檢出交流電流波形的感應器。再藉由這些訊號控制供應馬達的電流。向量控制可用於感應馬達，也可用於同步馬達。特別是永磁同步馬達本來就需要轉子的旋轉角度感應器（**參照** ㊱），所以幾乎所有永磁同步馬達都會採用向量控制。

　　即使以逆變器對感應馬達進行V/f控制，當負載不同時，轉差也不一樣，所以只能大致控制轉速在一定範圍內（**參照** ㊴）。不過如果改用向量控制，就可以精準控制感應馬達的轉矩與轉速。

　　向量控制可以對包括同步馬達、感應馬達在內的AC馬達進行多種控制，例如「**保持正確轉速**」、「**平滑地改變轉速**」、「**避免旋轉時的轉速波動**」等等。

　　向量控制會用到馬達的某些個別特性，所以實際上並不是在馬

達上追加逆變器，而是依照馬達的特性設計對應的逆變器。這種系統稱作**馬達驅動系統**。

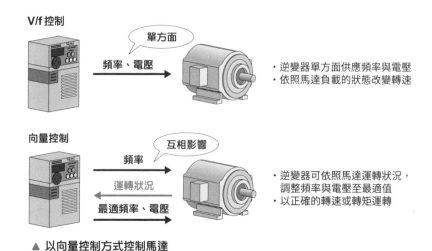

V/f 控制

單方面

頻率、電壓

・逆變器單方面供應頻率與電壓
・依照馬達負載的狀態改變轉速

向量控制

互相影響

頻率

運轉狀況

最適頻率、電壓

・逆變器可依照馬達運轉狀況，調整頻率與電壓至最適值
・以正確的轉速或轉矩運轉

▲ 以向量控制方式控制馬達

電力電子學

　　這裡要說明的是前面提過許多次的**電力電子學**。電力電子學顧名思義，就是控制電力的電子學。與一般電子學相比，電力電子學處理的電壓較高、電流較大。

　　一般電子學處理的是**電訊號**，即訊號持續時間或大小變化。我們的周圍有著各式各樣的訊號，除了電訊號之外，還有聲音、光等等。一般電子學處理的是電訊號，用於計算、通訊，或是將訊號顯示在畫面上。

　　另一方面，電力電子學的用途是**改變電力的形狀**。所謂改變電力的形狀，指的是將直流電轉變成交流電、改變頻率或電壓等等。改變電力的形狀也稱作**電力轉換**。電力轉換可以分成數種，如下圖所示。

　　將交流電轉變成直流電稱作**順變**，改變直流電的電壓或電流稱作**直流轉換**，將交流電轉變成另一種交流電稱作**交流轉換**。而將直流電轉變成交流電則稱作**逆變**。

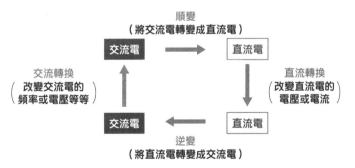

▲ 電力轉換

不過，為什麼將直流電轉變成交流電會叫做「**逆變**」呢？

在電力電子學出現以前，只能用發電機或真空管將交流電轉變成直流電，無法將直流電轉變成交流電。因此在很長的一段時間中，一般所說的「電力轉換」指的是「將交流電轉變成直流電」。不過在電力電子學出現以後，已經能將直流電轉變成交流電了。這種電力轉換方向與過去相反，因此稱作逆變。

逆變在英文中叫做invert，所以將直流電轉變成交流電的電路或裝置，就叫做**逆變器**（inverter）。

6

更多馬達！
各式各樣的
馬達

前面我們將馬達分成了DC馬達與AC馬達，並分別說明了它們的運作機制。除了這些馬達之外，坊間還有各式各樣的馬達。有些馬達並非DC馬達也非AC馬達，有些馬達雖屬於AC馬達，運作方式卻相當特殊，有些馬達則不是仰賴磁力運作。本章會介紹這些原理特殊的馬達。

42 步進馬達以脈衝驅動

每次僅能旋轉一定角度的馬達，稱作**步進馬達**。每一次輸入時，馬達僅會旋轉對應的角度，例如僅旋轉一度，而在下一次輸入之前，馬達會停留在該位置。下一次輸入時，馬達會再旋轉一度。也就是說，馬達會如第131頁的圖(b)所示，旋轉角度如階梯般改變。步進馬達的旋轉就像時鐘的秒針一樣，前進一定角度後會先停下來，然後再前進一定角度，再停下來。

步進馬達不是用直流電，也不是用交流電，而是透過**脈衝電流**驅動，因此也稱作**脈衝馬達**。一個脈衝電流可讓馬達移動一個固定的角度（**步進角**）。

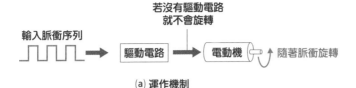

(a) 運作機制

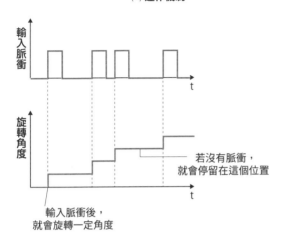

(b) 步進動作

▲ 步進馬達的運作機制

步進馬達的另一個特徵是有**停止力**。移動了某個角度後，就會有一個力量使它停留在該位置。這個力叫做**掣動轉矩**。掣動轉矩可以抵抗外力，使馬達停住不旋轉，汽車的停車煞車就是運用了這個原理。

步進馬達需要**專用的驅動電路**（**驅動器**）。若將脈衝訊號輸入至驅動電路，驅動電路便會將足夠大的電流脈衝分散至馬達的各個線圈。只要連續輸入脈衝，馬達就會依照輸入的脈衝數旋轉特定的角度，並停留在該位置。

第132頁的圖說明了步進馬達的原理。轉子為永久磁鐵。定子上有線圈，每個線圈皆與開關相連。

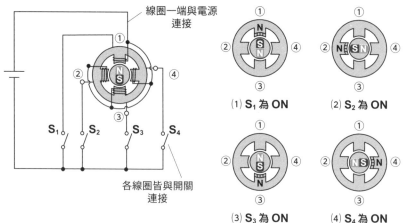

線圈一端與電源連接

① ① ① ① ① ①

② N ④ ② N ④
S
N

③ ③

(1) S₁ 為 ON (2) S₂ 為 ON

① ①

② N ④ ② N S N ④

③ ③

(3) S₃ 為 ON (4) S₄ 為 ON

S₁ S₂ S₃ S₄

各線圈皆與開關連接

▲ 步進馬達的原理

　　上圖中，S₁為ON時，電流通過**線圈①**，**線圈①**的磁極變為N極，於是轉子的S極被吸引，停在(1)的位置。接著S₁變為OFF、S₂變為ON，電流通過**線圈②**，**線圈②**的磁極變為N極，吸引原本在**線圈①**下方的轉子S極，使其轉動到**線圈②**下方，停在(2)的位置。然後陸續將S₃、S₄轉變成ON，轉子就會陸續停留在(3)、(4)的位置，每次旋轉90度。

　　於是每輸入一個脈衝，步進馬達就會旋轉一個角度。為了方便理解，示意圖中假設馬達每次「旋轉90度」。實際的步進馬達，定子或轉子的極數（凸極的數目）會比較多，所以可以精密到每個脈衝只轉動一度。

　　使用步進馬達時，**脈衝訊號本身就是馬達的控制訊號**。因此，脈衝數可以決定旋轉角度。另外，**脈衝的速度（脈衝頻率）可以決定馬達轉速**。步進馬達的轉動幅度由脈衝數決定，所以即使沒有旋轉角度的感應器，也能清楚知道轉子轉動了多少角度。電腦訊號為僅由1與0構成的脈衝訊號，因此用電腦控制這種馬達並不困難。

脈衝是什麼？

　　脈衝（pulse）是在非常短的時間內變化的訊號。也可以想成是「在極短的時間內切換ON與OFF的訊號」。

　　pulse是**脈搏**、**搏動**的英語。心臟每隔一定的時間間隔就會收縮一次，將血液推出至動脈。此時，動脈內血液的壓力會因為收縮而改變。電的「脈衝」也有類似的性質。就像心臟會依照固定節奏持續跳動來改變血壓一樣，脈衝訊號指的是**電流或是電壓在ON與OFF這2個數值之間瞬間切換的訊號**。當步進馬達接收到一個電流脈衝時，便會轉動一個步進角。

　　就像前面曾數度列出的示意圖一樣，交流電為**正弦波**（平滑而規則的波），會在正負之間來回變化。連續的脈衝波則會在ON（某個數值）與OFF（零）2個數值之間瞬間切換，而不是在正負之間來回變化。

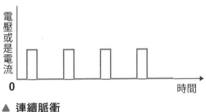

▲ 連續脈衝

▲ 單一脈衝

更多馬達！各式各樣的馬達

6

43 各式各樣的步進馬達

步 進馬達存在於各式各樣的機器中，是相當常見的馬達。本節讓我們進一步說明這種馬達的原理。

　　結構細節不同的步進馬達，步進角、轉速、轉矩等性能也不一樣。我們可以依照結構，將步進馬達再分成**PM型**、**VR型**、**HB型**等3種。

　　PM型是使用永久磁鐵（**Permanent Magnet**）作為轉子的步進馬達。在 ㊷ 中說明步進馬達的原理時，就是以PM型步進馬達為例。PM型使用永久磁鐵，所以有轉矩大的特徵。另一方面，轉子的磁極並沒有增加多少，所以步進角也不會縮小多少。

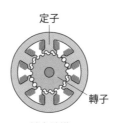

定子

轉子

基本結構

VR型轉子

PM型轉子

錯開1/2個凸極

S

N

永久磁鐵

HB型轉子

▲ 步進馬達的轉子

　　VR型為**Variable Reluctance**的首字母縮寫,是步進馬達的原型。以前的軍艦砲塔在旋轉時,就會使用到這種馬達。它的轉子為齒輪狀的鐵芯,齒輪的凹凸外形會產生**磁阻轉矩**(**參照** ㊳)。也就是說,我們可以將齒輪視為許多小小凸極的排列。齒輪的齒數越多,可以得到越小的步進角,但掣動轉矩也比較小[※12]。

　　HB型為混合(**Hybrid**)之意,轉子是由齒輪狀的鐵芯與永久磁鐵構成,屬於混合了PM型與VR型特性的步進馬達。轉矩大、步進角小為其特徵。現在使用的步進馬達幾乎都是HB型。

　　若HB型步進馬達的定子使用**爪型磁極**,可以讓步進角變得更小。爪型磁極彼此交錯排列,由不同線圈的電流生成磁極。

　　步進馬達可依照線圈的電流分布,分成單極型與雙極型2種。**單極型**的線圈電流沿著固定方向流動,如 ㊷ 中說明的方式。另一方面,**雙極型**的線圈電流則會有正反兩個方向。與單極型相比,雙極型電流的驅動電路較複雜,轉矩卻比較高。

※12　步進馬達的極數也稱作**齒數**。

市面上的步進馬達並不會
標註**額定轉速**^{※13}與輸出，而
是標註不同轉速對應的轉矩與
性能。選擇步進馬達時，必須
考慮負載的條件與加減速等運
動。一般來說，步進角可能是
0.72度或1.8度。

▲ 爪型磁極的定子

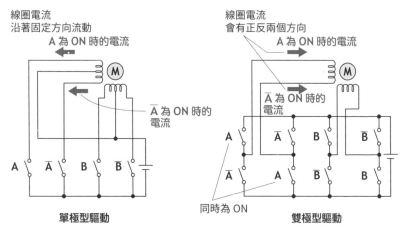

▲ 單極型驅動與雙極型驅動

為什麼電梯不會搖晃？

　　一般來說，控制電梯的地方是設置於屋頂的**機房**。機房內設有捲揚機，與一般人乘坐的「梯廂」相連，以減速機控制感應馬達的轉速。

　　電梯在啟動或停下時，幾乎不會讓人有突然移動或突然停下的感覺，而且電梯能精準停在每一層樓的地板。

　　之所以能做到上述的運轉方式，是因為電梯能精準控制它的馬達。電梯可以控制梯廂的加速度，使人在搭乘電梯時不會產生不適感，但事實上，高樓大廈的電梯移動速度相當快，有些電梯的時速甚至可以達到70km以上。

　　無機房電梯是近年來出現的新型電梯。相較於傳統電梯在屋頂的機房內設置馬達與減速機，無機房電梯使用的是**直驅馬達**（ 參照 ⑱ ）中的**永磁同步馬達**。這種扁平或細長的永磁同步馬達可設置在電梯的升降路徑上，不需要機房，因此這種電梯可設置在地底下等難以設置機房的地方。

更多馬達！各式各樣的馬達

44 次世代的主流是磁阻馬達？

AC馬達中的**磁阻馬達**僅靠磁阻轉矩驅動。磁阻馬達的轉子僅由鐵芯構成，而且因為轉子是以磁阻轉矩驅動，所以鐵芯的形狀為凸極狀。定子為三相線圈。將三相線圈通以三相交流電後可產生旋轉磁場，轉子會與旋轉磁場同步轉動，是一種僅靠磁阻轉矩旋轉的同步馬達。近年來，為了與之後 ㊺ 會提到的SR馬達做出區別，也稱這種馬達為**同步磁阻馬達**。

　　磁阻馬達如第139頁右圖所示，有個凸極轉子，可產生轉矩。不過實際上的轉子形狀更為複雜。

　　如第139頁下圖所示，轉子內部有許多**細小的圓弧狀狹縫**。狹縫內為空氣，因此磁阻相當大，磁力線難以通過。無狹縫區域則為

鐵，磁阻比較小，磁力線很容易通過。因此磁力線會順著狹縫的形狀彎曲，產生磁阻轉矩。

磁阻馬達為同步馬達，因此和永磁同步馬達一樣，必須由感應器與逆變器驅動。永久磁鐵會用到稀土元素等稀少資源，磁阻馬達卻不會用到永久磁鐵，所以**在資源稀缺成為問題的現在，已逐漸成為下個世代的AC馬達主流**。不過，磁阻馬達的性能比永磁同步馬達略差一點，目前各研究團隊正在開發新的技術，未來的發展值得期待。

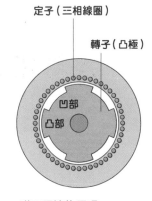

▲ 磁阻馬達的原理

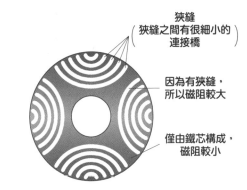

▲ 同步磁阻馬達的轉子剖面

45　大轉矩的SR馬達

磁阻馬達中的**SR馬達**，定子與轉子皆為凸極狀。不僅轉子為凸極狀，定子也是凸極狀，這點是SR馬達的特徵。SR馬達需以脈衝電流驅動，結構與VR型步進馬達相同。不過SR馬達並不像步進馬達採取步進驅動，而是連續旋轉，所以定子與轉子的極數並不像步進馬達那麼多。SR馬達的名稱是源自**Switched Reluctance**的首字母縮寫。

　　而為了產生磁阻轉矩，SR馬達的定子與轉子的凸極數並不相同。兩者的凸極位置相同時（**對向位置**），磁力線為直線。不過當電流切換到定子上其他凸極（**非對向位置**）的線圈時，磁力線就會彎曲，為了讓磁力線伸直，這個凸極就會轉到對向位置。因此只要連

續切換電流，就能讓馬達持續旋轉。

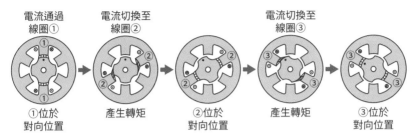

①位於對向位置　產生轉矩　②位於對向位置　產生轉矩　③位於對向位置

▲ SR馬達的旋轉原理

　　要說明SR馬達產生的轉矩大小，會用到所謂的**磁化曲線**[※14]。電流通過定子的線圈時，線圈累積的磁能大小會隨著線圈與轉子的位置關係而改變[※15]。

　　下圖為電流緩慢增加時磁通量的變化，這就是磁化曲線。磁化曲線左側的面積表示磁化時累積的磁能大小。

6

更
多
馬
達
！
各
式
各
樣
的
馬
達

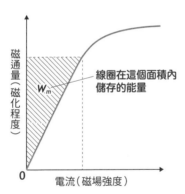

磁通量（磁化程度）

W_m

線圈在這個面積內儲存的能量

0　　電流（磁場強度）

▲ 線圈儲存的磁能

※14　表示磁場強度與磁化程度之關係的曲線。

※15　線圈累積的磁能大小，可以用 $W_m = \dfrac{1}{2}LI^2$ 來表示。這裡的 L 為**電感**，表示線圈的性能。電感越大，磁能就越大。

下圖顯示出凸極的位置關係不同時，磁通量的變化。在對向位置時，定子與轉子之間的氣隙較小，因此電感（參照第141頁附註）較大、磁通量增加，可以累積最多磁能。而當定子遠離轉子的凸極位置時，電感則會變小。到了非對向位置時，磁通量會變得最小。此時，線圈的磁能也會變得最小。這種**因位置造成的磁能差**為轉矩的來源。

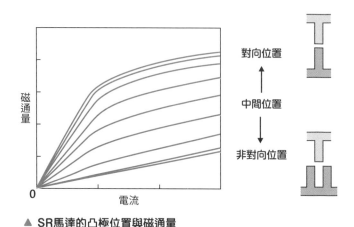

對向位置

中間位置

非對向位置

磁通量

電流

0

▲ SR馬達的凸極位置與磁通量

　　由上方的磁化曲線可以看出，在對向位置上，磁通量與電流並不是成正比。這種現象稱作**磁飽和**。當達到磁飽和時，磁場強度與磁通量不會成正比。

　　通以較大的電流使線圈處於磁飽和狀態，是SR馬達的特徵之一。SR馬達以外的其他馬達若進入磁飽和狀態，電流與磁場的關係會出現變化，所以使用這些馬達時會避免通以過大電流，防止其進入磁飽和狀態。不過，**SR馬達是在達到磁飽和的前提下使用的馬達**，因為這樣才能產生較大的轉矩。

電扶梯也是由馬達驅動。電扶梯的地板下有感應馬達。電扶梯多以固定速度運行，但搭乘人潮較多時，有些電扶梯會切換到不同模式，以較快速度運行。

以逆變器控制馬達轉速的電扶梯，不僅能調整運行速度，也能減少運行時，速度劇烈改變所產生的衝擊。無人搭乘時，電扶梯會以超低速運作，感應到有人搭乘時，便會慢慢提升速度，盡可能降低速度改變時所產生的衝擊。

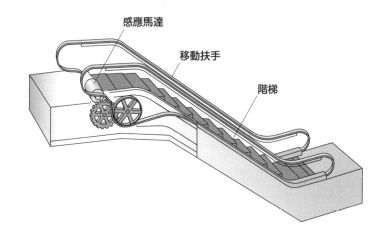

感應馬達

移動扶手

階梯

6

更多馬達！各式各樣的馬達

46 通用馬達為交流直流通用

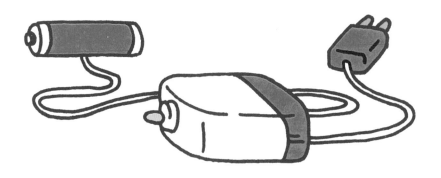

通 **用馬達**可以用交流電驅動，也能用直流電驅動，屬於交直流兩用馬達。這是相當少見的馬達，屬於**串激馬達**，也叫做**交流整流子馬達**。通用馬達的磁場系統線圈與電樞線圈為串聯連接，結構與串聯繞組形式（ **參照** ⑰ ）的DC馬達相同。

　　本節會說明通用馬達的原理。請各位回想前面的內容，我們曾提過**交流電的電流方向會在正負之間變化**（ **參照** ㉙ ）。在第145頁的圖(a)中，上方端子為正電壓，此時的電流方向以箭頭表示。另一方面，在圖(b)中，交流電的正負電壓相反，電流流動方向也會反過來。

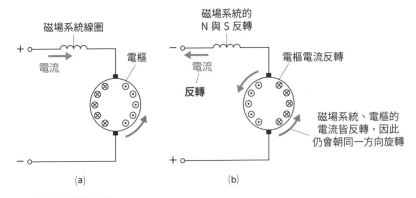

▲ 通用馬達的原理

　　通用馬達的磁場系統為電磁鐵，因此電流方向可決定哪邊是N極哪邊是S極。也就是說，當電流方向相反時，磁場系統的N極、S極也會反轉。通過電樞線圈的電流也會在電刷與整流子的作用之下，隨著交流電的變化而反轉方向。

　　換句話說，磁場與電流都會因交流電的方向變化而一起反轉，所以轉矩會一直保持相同方向。因此即使交流電的方向改變，馬達仍會朝著相同方向旋轉。

　　之所以設計出適用交流電的通用馬達，是為了提升AC馬達的轉速。一般的AC馬達中，轉速最高的是二極AC馬達，但AC馬達的轉速受限於電源頻率（ 參照 專欄10），因此轉速有其上限。

　　日本的電源頻率可粗分為2種，分別是東日本的50Hz以及西日本的60Hz，所以AC馬達在東日本的轉速上限為**3000min⁻¹**，在西日本為**3600min⁻¹**。如果希望AC馬達有更快的轉速，則需要其他增速用的零件。

不過，通用馬達的轉速沒有上限。通用馬達的轉矩特性與串聯繞組DC馬達相同，轉矩與轉速成反比。轉矩越小，轉速越高；負載轉矩越大，轉速越低。

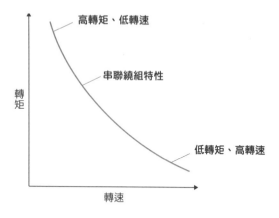

▲ 通用馬達的轉矩特性

通用馬達為不需要增速機的高速AC馬達。通用馬達也可以用直流電驅動，但通常會使用單相交流電。

活躍於大廈與公寓的馬達

　　大廈或公寓等建築物會用到許多馬達。首先，這些建築物會裝設有冷暖氣功能的大型中央空調。**箱型空調**就像家用空調一樣有室外機。不過，大型中央空調除了箱型空調之外還有許多類型，有些採用冷水循環方式，有些則用通風管將冷風送入室內。此外，如果要為整體建築物換氣，需要使用大量風扇。冷暖氣與風扇加起來，才叫做**空調設備**。對於空調設備而言，馬達是不可或缺的零件。

　　控制自動門的自動門機也會用到馬達。自動門機不只負責門的開關，也會控制門不要夾到人。

| 懸吊軌 | 正時皮帶 | | 感應器 | 自動門機 |

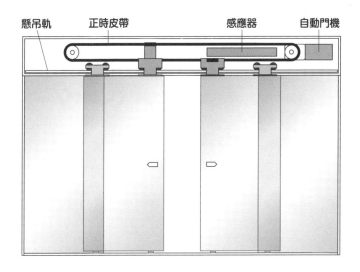

　　除此之外，機械式停車場也會用到馬達。在機械式停車場中，車輛必須停在棧板上，這個棧板則由馬達操控其上下左右移動，將其配置在適當位置，以在有限空間內容納最多車輛。

47 只靠線性馬達是浮不起來的

如果要問哪種常見的馬達還沒有介紹到，應該有不少人會想到**線性馬達**。線性馬達可以想成是**將旋轉型的馬達拉長成直線狀的樣子**。

線性馬達會產生直線方向上的力，是相當於旋轉型馬達之轉矩的**推力**。依照產生推力的原理，可將線性馬達分成**線性感應馬達**、**線性同步馬達**、**線性直流馬達**、**線性步進馬達**等等。每種馬達產生推力的原理皆與旋轉型馬達相同。

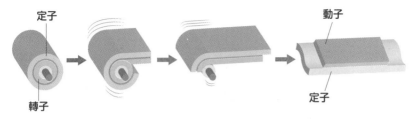

定子　　　　　　　　　　　動子

轉子　　　　　　　　　　　定子

▲ 線性馬達會產生直線上的推力

　　線性馬達是由**定子**與**動子**構成。在旋轉型馬達中，定子為**初級電路**；線性馬達則可分為**動子初級電路型**與**定子初級電路型**。

　　線性馬達不會旋轉，不需要軸承，因此馬達部分可以做得比旋轉型馬達還要小。不過，線性馬達無法使用減速裝置，所以需要強大的推力。

　　使用滑軌的線性馬達裝置，稱作直線導軌。**直線導軌**本身就是機械的一部分，是很常使用的裝置。

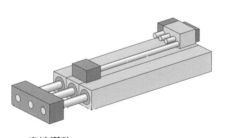

▲ 直線導軌

　　線性馬達車是由線性馬達推進，可分為上浮式線性馬達車與車輪式線性馬達車。線性馬達只會產生推力，要讓車輛浮起來則需要設置其他磁浮線圈。

6

更多馬達！各式各樣的馬達

48 直接轉動負載的直驅馬達

直 **驅馬達**（DD馬達）會直接低速轉動負載。一般馬達會設計成以相對較高的轉速旋轉，以提高馬達效率。如果希望負載低速轉動，一般仍會讓馬達保持高速旋轉，再使用減速機降低轉速。減速時可使用齒輪、鏈條、皮帶等等。使用齒輪或鏈條時，需設計名為**背隙**的縫隙。要是沒有這個縫隙，齒輪就無法咬合、轉動。但這個縫隙會產生雜音，並降低能量傳遞效率。使用皮帶則可緊密貼合，不會產生縫隙，不過會造成滑動。

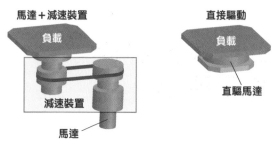

馬達 + 減速裝置　　　　直接驅動

負載　　　　　　　　　負載

減速裝置　　　　　　　直驅馬達

馬達

▲ 直驅馬達

　　直驅馬達可以在低速旋轉下保有很高的效率。因為可以精準控制直驅馬達，即使在低速運轉下效率也不會太差，而且因為沒有背隙，所以不會有噪音與振動。另外，由於不需要減速機，因此可以小型化，優點相當多。

6

更
多
馬
達
！
各
式
各
樣
的
馬
達

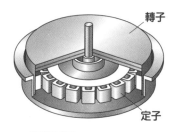

轉子

定子

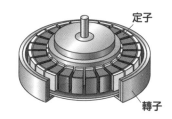

定子

轉子

▲ 直驅馬達

　　為了要低速旋轉，直驅馬達的極數較多。而且為了輸出較大的轉矩，線圈必須通以較大的電流。因此直驅馬達的輸出比一般馬達大。直驅馬達一般為平坦狀，經常設計成**外轉子形式**（ **參照** ⑫ ）。

　　不過直驅馬達有個缺點，那就是馬達的線圈配置會產生該馬達特有的旋轉波動，而這些波動會直接傳遞給負載。

49 由回饋控制的伺服馬達

使用伺服方式控制馬達的系統，稱作**伺服馬達**。一個**馬達驅動系統**中，除了馬達本體，還包括了**伺服放大器**（驅動器）、**感應器**等等。

　　所謂的**伺服控制**是先設定機械各種參數的目標值，如位置、方向、速度、姿態等等，並依照參數變化調整機械的控制方式。伺服一詞源自英文的僕人（Servant），表示控制器會發出指示，要求機械依照指示動作。

　　在物理學中，位置 x 的變化微分後可得到速度，以 $\dot{x}$ 表示；速度的變化微分後可得到加速度，以 $\ddot{x}$ 表示，也就是將運動以微分方程式表示（**參照** 專欄25）。欲控制馬達時，加速度相當於馬達的轉

矩。轉矩與電流成正比，所以只要控制馬達的電流，就可以控制位置（旋轉角度）、速度（轉速）、加速度（轉矩）。綜合這些控制動作，便能控制所有運動（**運動控制**）。

以前會使用DC伺服與DC馬達，現在則幾乎改用AC伺服。此外，步進馬達也可用作伺服馬達。

伺服馬達可與伺服放大器合併使用。伺服放大器可比較目標數值與感應器收到的回饋數值，再依照兩數值的差異調整伺服馬達。這種**回饋控制**（ **參照** ⑥³）不只能依照負載機械的狀態控制馬達運轉，當負載在外部原因下產生狀態變化，亦即受到**外部干擾**（ **參照** ⑥³）時，也能控制馬達保持正常運轉。所謂的外部干擾，包括溫度變化、振動等負載轉矩的急遽變化。

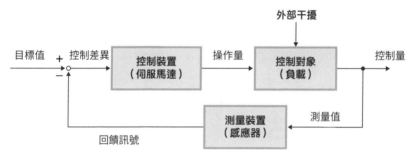

▲ 回饋控制

伺服放大器的運作與性能，和伺服馬達的性能有密切關係。另外，連接伺服馬達與伺服放大器的線路，不是只有為馬達供電的電纜，還需要傳遞感應器訊號的電纜。因此，近年來的伺服放大器會直接裝在伺服馬達內部，形成**一體型伺服馬達**。

50 小而便利的主軸馬達

主　**軸馬達**的馬達部分與欲旋轉之機械（**主軸**）合為一體。在一般馬達中，馬達轉軸與負載的軸相接，或者兩者之間夾著減速機或增速機，整套系統是由多個零件組合而成。另一方面，主軸馬達與欲旋轉之機械合為一體，因此裝置整體可以小型化。主軸馬達一詞是用來描述馬達形狀的用語。不管是感應馬達、同步馬達、無刷馬達等等，都可以做成主軸馬達。

▲ 工作機械的主軸馬達

　　如果像上圖一樣，將馬達設置於工作機械的主軸上，並在旋轉處裝設鑽頭、砥石，便可用來挖洞或切削。主軸馬達可分為無法控制轉速，以商用電源驅動的感應馬達；以及用逆變器控制轉速的馬達。這些馬達在軸向上通常較細長，這是為了在高速旋轉下產生高轉矩。

　　另一方面，CD、DVD之類的光碟、硬碟的驅動等都會用到主軸馬達。此時，轉速與碟片的讀取速度有關，所以需要更高速的旋轉與更為精準地控制。為了將裝置做得更薄，研究人員採用了平坦薄型的馬達。

主軸馬達　　　　　　　　　　磁碟

磁性讀寫頭

▲ 硬碟的主軸馬達

主軸馬達大多可精準控制，亦屬於伺服馬達的一種。

51 低速卻有大轉矩！齒輪馬達

馬 達與減速機合為一體的馬達，稱作**齒輪馬達**。如果只是一般減速的話，只要控制轉速即可，但這種做法只能讓馬達輸出原本設定範圍內的轉矩。

使用齒輪減速的話，產生的轉矩可比馬達原先設計的轉矩還要大。齒輪馬達的效果，等同於連結馬達及減速機的效果，因此可當作**低速大轉矩的馬達**使用。

減速比會以齒輪比來表示。而減速比的倒數就是轉矩比。也就是說，如果減速成原本的1/10，轉矩就會變成原本的10倍。

依照使用的**齒輪**種類不同，減速機的特徵也不一樣。如果使用**平齒輪**，則為**平行軸輸出**，旋轉方式與馬達平行。如果使用**螺旋齒**

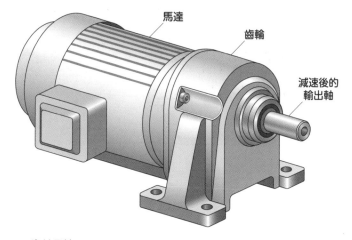

▲ 齒輪馬達

輪，輪齒與輪齒間的咬合較佳，可降低噪音。如果使用**斜齒輪**，可使輸出軸與馬達轉軸呈直角。另外，如果使用蝸桿傳動，可以得到很大的減速比。

另外還有行星齒輪、諧波減速機等各種不同的減速機。齒輪馬達就是組合這些減速機與馬達後販售的產品。

| 平齒輪 | 螺旋齒輪 | 斜齒輪 | 蝸桿傳動 |

▲ 齒輪種類

52 醫療機器中常使用的超音波馬達

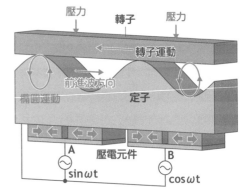

同 樣使用磁力，有些馬達卻是用截然不同的原理旋轉，**超音波馬達**就是其中之一。超音波馬達使用**壓電元件**，利用**壓電效應**（**對某些物體施加壓力便會產生電力**）原理運轉。

對壓電元件施加電壓時，壓電元件就會變形。如果改變電壓，壓電元件則會膨脹或是收縮。超音波馬達就是利用這個原理，使壓電元

壓力　　　轉子　　　壓力

轉子運動

前進波方向

橢圓運動　　定子

壓電元件

A　sinωt　　B　cosωt

▲ 超音波馬達的原理

件振動的馬達。

　　妥善配置施加正電壓的壓電元件與施加負電壓的壓電元件，可以使壓電元件的陣列上下運動。在這個陣列上放置柔軟有彈性的定子，並讓壓電元件以該定子的固有頻率振動

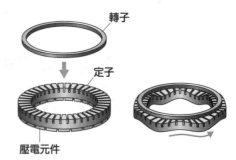

▲ 超音波馬達的結構

就會引發共振，使定子大幅振動。此時，有彈性的定子表面上下振動，而這個振動會在定子表面移動。這個移動的波稱作**前進波**。如果從定子表面壓住轉子，轉子便會因摩擦而朝著前進波的反方向移動。超音波馬達就是利用這個原理使轉子轉動。

　　超音波馬達並非使用超音波轉動，而是因為定子的固有頻率位於超音波範圍（20kHz以上）內，因此稱作超音波馬達。超音波馬達主要是使用名為**PZT**的陶瓷壓電元件。

　　想讓超音波馬達旋轉，需要使用環狀轉子。超音波馬達產生的轉矩很大，而且不運轉時也有所謂的保持轉矩，為其一大特徵。不過，由於超音波馬達是利用摩擦來轉動，無法避免磨耗，因此無法長期使用。但因為該馬達不使用磁力，不受外界磁場影響，這也是它的一大特徵，所以超音波馬達常用於需要用到強力磁場的醫療機器，如MRI等等。

6

更多馬達！各式各樣的馬達

53 活躍於微機械的靜電馬達

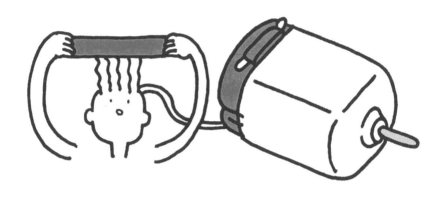

靜電馬達是使用靜電產生的作用力運轉。靜電有正電與負電，2個帶靜電的物體之間可能會互相吸引，或者互相排斥。小孩子在理科教室製作的富蘭克林馬達，就是運用靜電力運轉的靜電馬達。

　　靜電所產生的力，稱作**庫倫力**。庫倫力的大小並非與電壓成正比，而是與電場成正比。電場越大，可產生越強的力。這裡先來說明什麼是**電場**。電壓會用「100V」、「1.5V」等方式，表示2點間**電位**的差異。也就是2條電線，或是正負端子之間的電位差。另一方面，電場則可表示這個電位差距離多遠，單位為**[V/m]**（伏特每公尺）。在電壓相同的情況下，距離越近，電場越大。換句話說，

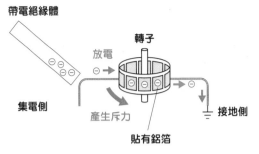

▲ 富蘭克林馬達的原理

尺寸越小，可產生越強的庫倫力。

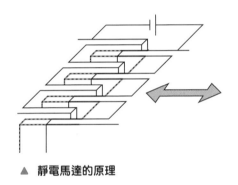

▲ 靜電馬達的原理

運用這種原理，可將靜電馬達裝設在微機械上。微機械也叫做**MEMS**（Micro Electro Mechanical Systems，微機電系統）。製作MEMS的方式與半導體相同，以矽為材料。一個矽基板上便裝設了電路、感應器、馬達等元件。MEMS中的靜電馬達為十分細小的結構，即使電壓低也能產生很強的電場。一般期望能盡快實現旋轉型的MEMS靜電馬達，不過目前使用的靜電馬達以來回運動或直線運動為主，多作為致動器使用。

54 過去曾廣泛使用的 各種馬達

如同本書前面提到的，馬達可以依照用途、原理、發明者等分類。即使是同一個馬達，在不同的分類基準下，也可能會有不同的名稱。前面介紹的主要是目前仍在使用的馬達，不過以前也曾存在各種不同名稱的馬達。這裡會簡單整理那些現在已不被使用的馬達，以及現在仍在使用但本書沒有詳細介紹的馬達（見第163頁的表）。

　　隨著材料與製造方法的進步，過去不常被使用的產品可能會突然受到矚目。這裡介紹的馬達可能會在某天突然復活喔。

名稱	特徵
感應子馬達	結構類似HB型步進馬達，以單相交流電驅動的馬達，可以低速運轉。
罐裝馬達	為了在液體內使用，將線圈做成罐頭狀的馬達。
離合器馬達	位於離合器內的馬達。
起重馬達	屬於繞組型感應馬達，用於起重機，可承受較高的開關頻率，產生的熱較少，而且有2個軸。
錐狀轉子馬達	轉子為圓錐形的感應馬達，吸引力可用於制動。
閘流體馬達	可透過閘流體控制電壓的繞組型同步馬達。可透過感應器控制閘流體電路，因此屬於不需要電刷的大容量無刷馬達、無整流子電動機。
施拉吉馬達	三相並聯繞組交流整流子馬達。轉子上有2個繞組，一個繞組透過滑環從電源獲得電流，另一個繞組則與整流子相連，整流子上有2組可調整位置的電刷。調整電刷間隔即可控制轉速，擁有並聯繞組特徵的AC馬達。
啟動馬達	啟動引擎用，由串聯繞組DC馬達與減速機合為一體的馬達。
定時馬達	1W以下的單相同步馬達，常用於控制時間。
特殊鼠籠型馬達	為了提高感應馬達的啟動性能，將鼠籠型導條設計成特殊形狀的馬達。
轉矩馬達	鼠籠型感應馬達，轉子的電阻較大，可透過控制電壓，控制其轉速在較廣的範圍內變動。
密封型馬達	空調或冰箱的壓縮機內部使用的馬達。因為會接觸到冷媒，所以需要使用特殊方式絕緣。
推斥馬達	單相繞組型感應馬達，啟動運轉時會使整流子短路。啟動轉矩比較大。
磁滯馬達	單相同步馬達。利用磁性體轉子的磁滯特性產生轉矩。有啟動轉矩，因此可自我啟動。
聲動馬達	唱片播放機使用的馬達，將旋轉波動、振動等抑制在最低。
制動馬達	制動器內的馬達。
音圈馬達	使用永久磁鐵做出來回振動的一種線性馬達。利用揚聲器原理製成，因此稱作音圈（揚聲器內的線圈）。
極數變換馬達	繞組結構特殊，可改變極數的感應馬達。
微型馬達	3W以下的無槽DC馬達。
感應同步馬達	於永磁同步馬達的轉子設置鼠籠型導體，使其以感應馬達的方式啟動，再以同步馬達的形式轉動。
反應式馬達	一種磁阻馬達。
Warren馬達	於輸出軸設置減速比很大的減速齒輪，兩極設計成蔽極線圈的磁滯馬達。單相，可以超低速運轉。

6

更多馬達！各式各樣的馬達

位置、速度、加速度

當我們想控制馬達運轉時，必須考慮到**運動方程式**這個基本概念。運動方程式如下所示。F為力、m為運動物體的質量、α為加速度。

$$\overset{\text{力}}{F} = \underset{\text{運動物體的質量}}{m} \overset{\text{加速度}}{\alpha}$$

位置對時間微分後（每秒位置變化）可得到速度。速度對時間微分後（每秒速度變化）可得到加速度。以x表示位置，可以得到以下式子。

速度 $\qquad v = \dfrac{d}{dt}x = \dot{x}$

加速度 $\qquad \alpha = \dfrac{d}{dt}v = \dfrac{d^2}{dt^2}x = \ddot{x}$

而在控制馬達時，旋轉角度θ對應到上式的位置x，轉速ω對應到速度v，轉矩T對應到加速度α。下方式子中的轉速與轉矩，與上方式子中的速度與加速度有相同形式。

轉速 $\qquad \omega = \dfrac{d\theta}{dt} = \dot{\theta}$

轉矩 $\qquad T = \dfrac{d\omega}{dt} = \dfrac{d^2\theta}{dt^2} = \ddot{\theta}$

所謂的控制馬達，實際上是調整馬達的轉矩。下達指令控制馬達的轉速、位置等等，基本上就是在控制馬達的轉矩，也就是控制馬達的電流。

另外，在馬達的世界中，有時會將轉速稱作速度，但要注意這裡的速度並不是直線速度v。

Chapter

7

有助於
挑選馬達的
知識

為了幫助讀者更易於理解，前面的章節中，省略了許多用語的詳細解說。在 Chapter 7中，我們會仔細說明這些用語，讓各位能夠依照自己的需求，選擇欲使用的馬達。

55 試著將馬達直接接上電源

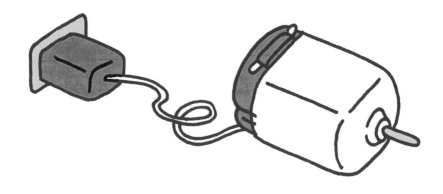

如 果馬達要直接接上乾電池或是插入插座，必須依照電源的種類，選擇DC馬達或AC馬達。事實上，確實有許多馬達會直接接上電源。

以乾電池驅動的小型馬達，多為DC馬達中的**永久磁鐵DC馬達**。例如模型用馬達就是這種馬達。只要改變端電壓，DC馬達的轉速就會跟著改變，如果以乾電池為電源，那麼只要改變乾電池的串聯數目就可以改變轉速。

另外，如果將DC馬達兩端連接的電極對調，馬達就會反方向轉動。也就是說，如果乾電池的正負極反過來接，馬達就會反方向轉動。

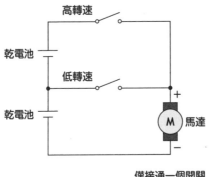

▲ 改變DC馬達的轉速

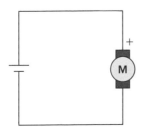 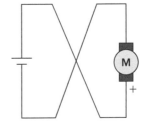

▲ 讓直流馬達反方向轉動

使用DC馬達時，必須注意電壓。不同種類的乾電池或其他電池，電壓也不一樣。使用1.5V乾電池的DC馬達與汽車內使用12V電瓶的DC馬達，可以說是完全不同的東西。

如果要直接插入插座，因為插座為單相交流電，所以需要使用AC馬達中的**單相感應馬達**。單相感應馬達的轉動方向是由馬達的內部結構決定，所以即使將插頭左右反過來插入插座，馬達的旋轉方向也不會改變。另外，除了特殊的馬達之外，一般的單相感應馬達無法調整轉速。

如果是以三相交流電為電源的工廠或商店，可使用AC馬達中的**三相感應馬達**。三相交流電是由3條相線供應電力，若調換任意2條相線，三相感應馬達便會反方向轉動。三相交流電源的3個相

一般稱作R、S、T。而三相感應馬達的端子的相，則稱作U、V、W。如果想讓馬達反向轉動，只要交換其中一組接線即可。

如下圖所示，不管是交換哪一組接線，馬達都會反向轉動。這個過程稱作**改變相序**。

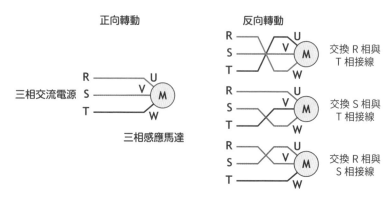

▲ 改變三相感應馬達的轉動方向

使用三相交流電源時，無法直接調整感應馬達的轉速。如果要調整轉速，必須加裝**逆變器**等控制用機器。

不管是AC馬達還是DC馬達，如果直接接上電源，就只能透過開關的ON與OFF調整其轉動與否。如果要調節馬達轉速或其他細部參數，則必須透過其他方式才行。

56 如何判斷馬達的性能？

7

有助於挑選馬達的知識

馬達轉動負載的時候，馬達所真正耗費的力量稱作輸出。如同 Chapter 1中提到的，輸出[W]為轉速與轉矩的乘積。也就是說，轉矩相同時，轉速越高，輸出越大。輸出表示馬達的轉動狀態，也可用於比較馬達的強弱。

第170頁的圖列出了2個馬達的**轉矩特性**，呈現出特定轉速下可輸出的最大轉矩（**負載的轉矩特性：參照 ⑩**）。

這張圖列出了2個馬達，分別是轉矩特性為**最大轉矩2倍、最高轉速1/2倍**的馬達，以及轉矩特性為**最大轉矩1/2倍、最高轉速2倍**的馬達。一般來說，馬達在最高轉速下很難產生最大轉矩。大部分馬達都有輸出固定的特性，就像這張圖一樣，右上方會缺一

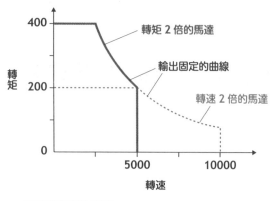

▲ 轉矩與轉速的關係

角。右上方的曲線表示輸出固定，而這個輸出值稱作**最大輸出**。也就是說，這2個馬達的最大輸出相同。如果使用齒輪讓2個馬達以相同轉速轉動，那麼2個馬達的表現將完全相同。由此可知，輸出無法顯示出馬達的所有特性。

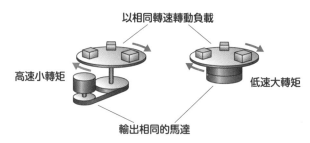

▲ 輸出無法顯示出馬達的所有特性

　　另一方面，轉矩與電流成正比。DC馬達自不用說，AC馬達也會符合這個規則。轉矩越大的馬達需要越大的電流，馬達的尺寸也會比較大。

　　不過，馬達在旋轉的時候，會產生與轉速成正比的**感應電動勢**（ 參照 ⑦ ）。不同馬達的電動勢常數也不一樣，因此無法直接做比較，不過感應電動勢會與轉速成正比。這與 ㉖ 中會提到的馬達控制有很密切的關係。

170

另外，我們可以用效率來表示馬達的性能。效率為**輸出[W]**與**輸入電力[W]**的比。馬達的輸入電力[W]（消耗電力）為馬達的輸出加上馬達運作時產生的損失。馬達之所以會產生損失，是因為一部分的輸入電力轉變成了馬達發熱時散逸的熱能。在馬達產生的損失中，大部分為**銅損**與**鐵損**。

$$效率 = \frac{輸出}{輸入} \times \frac{輸出}{輸出 + 損失} \times 100[\%]$$

電流通過線圈時
產生

軸承的摩擦、
空氣阻力等

$$損失 = 銅損 + 鐵損 + 機械損$$

鐵芯因磁力而產生

電流通過馬達線圈時，線圈的電阻會使線圈發熱，這就是所謂的銅損。這裡的發熱為**焦耳熱**，發熱量與電流平方成正比。因為是由銅製線圈產生的熱，所以稱作銅損。

鐵芯內部的磁場變化時會產生磁力上的損失，這就是鐵損。鐵損的生成機制很多，會因為頻率與電壓的不同而改變。因為是在鐵芯內生成，所以稱作鐵損。

此外，空氣阻力或摩擦等機械性原因也可能會產生損失，稱作**機械損**。機械損通常不大，所以不會對馬達效率造成嚴重的影響。如果要提升馬達效率，必須設法避免這些損失。

57 轉矩與電流成正比，轉速與電壓成正比

成正比　　　　　　　　　　　　　　成正比

轉矩　電流　轉矩　電流　感應電動勢　轉速　感應電動勢　轉速

馬達的**轉矩與電流成正比**，這是馬達的基本性質之一。另外，如果馬達的轉矩比負載需要的轉矩還要大，馬達就會加速並提升轉速（ 參照 ⑩ ）。也就是說，**控制電流就能改變轉矩，也能控制轉速**。

不過我們還需要考慮另一個基本性質，那就是**感應電動勢與轉速成正比**。從外部經由馬達的端子施加電壓使馬達轉動時，內部產生的感應電動勢也會產生逆向電壓。這表示，如果要讓電流通過馬達，就必須從外界施加比感應電動勢更高的電壓。

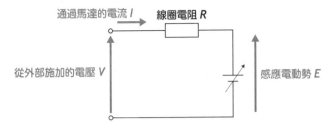

▲ 通過馬達的電流

　　上圖為一個簡單電路中的馬達。由電路的性質可以知道，通過馬達的**電流I**，會與「從外部施加之**電壓V**及**感應電動勢E**的差」成正比。此時，由歐姆定律可以得到電流大小與線圈**電阻R**大小的關係如下。

$$電壓[\text{V}] \quad I = \frac{V - E}{R} \quad 感應電動勢[\text{V}]$$

電流[A]　　　　　　　電阻[Ω]

　　這表示，**馬達的轉速與電壓成正比**。在通以相同電流，產生相同轉矩的情況下，如果要改變轉速就需要調整電壓。

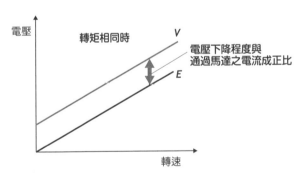

▲ 馬達轉速與電壓的關係

　　雖然這裡是以DC馬達為例說明，不過AC馬達的情況基本上也一樣。轉矩與電流成正比，轉速與電壓成正比。不過控制AC馬達的轉速時，還需要考慮到頻率。

58 馬達要如何節能？

若能控制馬達轉速，便可達到很大的節能效果。而節能效果最大的機械是風扇、泵浦等**流體機械**。所謂的流體機械，指的是處理空氣、水等流體的裝置總稱。

風扇與泵浦無法靠開關的ON與OFF連續性調節流量。這表示我們需要使用控制馬達以外的方式來調節流量。一種方式是在流體的通路上設置隔板，增加流體通過的難度。只要改變隔板的角度就能調節流量。但若採用這種方式，即使流量減少，馬達的運轉狀態也不會有太大的變化，馬達消耗的電力並不會減少。

另一方面，如果採用改變馬達轉速的方式調節流量，就可省下大量電力。像是風扇或泵浦等流體機械，轉矩與轉速平方成正比。

馬達的輸出為**轉矩×轉速**，所以流體機械的馬達輸出會與**轉速×轉速×轉速**成正比。舉例來說，如果轉速變為**1/2**，那麼馬達的消耗電力會變成 $\frac{1}{2} \times \frac{1}{2} \times \frac{1}{2} = \frac{1}{8}$。因此，這類流體機械多會設計成由轉速控制其流量。

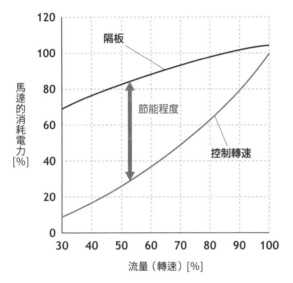

▲ 透過控制轉速來節能

　　不過就一般馬達而言，**降低轉速就表示降低效率**。在馬達產生的損失中，有些損失與轉速有關，有些損失與轉速無關。如果降低轉速使馬達輸出降低，那麼與轉速無關的損失占所有損失的比例就會增加。所以近年來，一般越來越常使用「即使轉速下降，效率也不會降低太多」的永磁同步馬達。

59　用截波器改變
直流電的電流與電壓

截 **波器**是一種電力電子電路，可改變直流電的電壓。截波器的輸入與輸出都是直流電，可以用來控制DC馬達。

截波器是透過反覆切換開關的ON與OFF來截斷電壓。截波器的英文chopper就是切斷的意思。截波期可藉由ON時間與OFF時間的比例調整輸出電壓。截波器可以分成降低電壓的**降壓截波器**，以及提升電壓的**升壓截波器**。馬達的控制常會用到降壓截波器。

以截波器控制電壓時，電流也會隨之改變。輸入截波器的直流電力為**電壓×電流**。截波器不會改變電力，所以當我們用截波器把電壓降至原本的**1/2**時，輸出電流會變成輸入電流的**2倍**。實際上

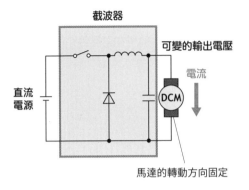

▲ 用截波器控制DC馬達

截波器輸出電流的大小，是由電壓改變時的馬達運作狀態決定。

　　用一般截波器調節永磁DC馬達的電壓時，可以控制馬達的轉速與轉矩。但這種方式無法改變馬達的轉動方向。如果要改變馬達的轉動方向，需要能夠改變電流方向的截波器。

　　此時會用到有4個開關的**H橋**電路截波器。H橋的4個開關兩兩一組，同組開關會同時ON、同時OFF。如下方的圖所示，S_1與S_4一組，這組開關ON與OFF時，可以發揮截波器的功能，此時S_2與S_3保持OFF，馬達的電流方向為往右。相反的，如果變動的是S_2與S_3這組開關，馬達的電流方向為往左，轉動方向也會反過來。

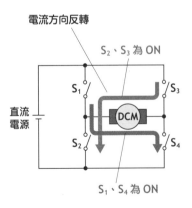

▲ 以H橋電路反轉電流方向的
　截波器

並聯繞組形式與雙繞組形式的DC馬達（ 參照 ⑰ ），磁場系統與電樞（ 參照 ⑰ ）使用不同電路。因此當我們想控制馬達運作時，可於2個電路之間擇一設置截波器，或者2個電路皆設置截波器。

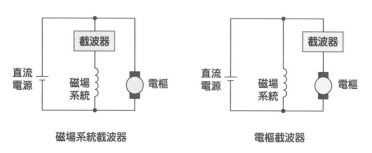

磁場系統截波器　　　　　　　　電樞截波器

▲ 磁場系統截波器與電樞截波器

60 用逆變器控制馬達的轉速

使用交流電來驅動的AC馬達，轉速與電流頻率成正比（**參照** ㉜）。**逆變器**可以控制交流電的頻率與電壓。以逆變器控制AC馬達是很常見的做法。

　　如果是感應馬達的話，只要在馬達與三相交流電源之間設置逆變器，就能夠透過**V/f控制**（**參照** ㊵）控制轉速。以這種方式控制馬達的逆變器，稱作**VVVF逆變器**。VVVF為**Variable Voltage Variable Frequency**的簡稱。

　　泛用逆變器是一種可控制三相感應馬達的逆變器。「泛用」這個名字，代表這個逆變器可以控制一般的感應馬達。泛用逆變器可設置於三相交流電源與馬達之間，這樣便能控制感應馬達的轉速。

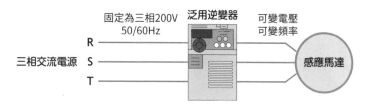

▲ 用泛用逆變器控制感應馬達

　　另一方面，接上逆變器的3條電力線，不能保證同步馬達能夠順利轉動。就同步馬達而言，如果交流電所產生的**旋轉磁場**（ 參照 ㉚ ）與實際的轉動沒有同步的話，就不能順利運轉（ 參照 ㉛ ）。也就是說，靜止的同步馬達即使突然接上商用電源也不會啟動。

　　不僅永磁同步馬達如此，繞組型同步馬達也一樣。如果轉動中的同步馬達的轉速與逆變器的輸出頻率相差過大，就會**脫出同步**，馬達會逐漸減速最後停止。因此以逆變器驅動同步馬達時，需要能感應馬達轉速的感應器，並依照實際馬達的轉速，控制逆變器的輸出頻率。所以需要用到**回饋控制**（ 參照 ㉓ ）。回饋控制可逐漸提升馬達的轉速。

　　另外，當同步馬達的轉速稍微偏離同步轉速時，同步馬達會產生名為**引入轉矩**的力量，使馬達恢復到同步轉速。

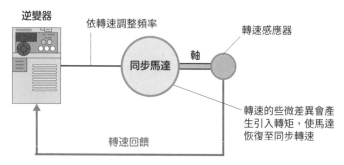

▲ 以逆變器控制同步馬達

這裡所提到的同步馬達轉速回饋控制，與永磁同步馬達的控制（ **參照** ㉟）稍微有些不同。㊱中有提到「不是轉速的回饋控制，而是旋轉角度的回饋控制」。換句話說，永磁同步馬達採用的是**向量控制**（ **參照** ㊶）。不過只靠轉速的回饋控制，也能控制轉速。但這樣的話，外部干擾或負載的變動，便容易造成馬達脫出同步。

61 為什麼可以用逆變器產生交流電？

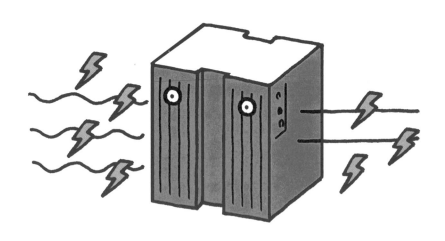

嚴格來說，逆變器是「**將直流電轉換成交流電的電路名稱**」。不過，我們一般會把**含有這種電路的裝置**也稱作逆變器。另一方面，將交流電轉換成直流電的整流電路或是裝置，則稱作**整流器**。這裡就來說明**逆變器電路**的原理。

　　欲將直流電轉換成交流電，必須讓2個開關同步切換，使電流方向來回切換。如第183頁的圖所示，當S₁連接到1'時，S₂亦連接到2'。使這2個開關在（1', 2'）與（1'', 2''）之間切換，而且切換的時間間隔保持一定。當2個開關連接到（1', 2'）時，通過電阻的電流往下流動；連接到（1'', 2''）時，電流往上流動。如第183頁的圖(a)所示，通過電阻的電流方向來回切換，電壓也會正負

換。因為電流方向會來回變換，所以這可以說是交流電。這就是逆變器的原理。

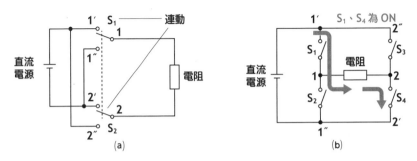

▲ 逆變器的原理與電路

　　實際的逆變器會使用電晶體等半導體開關製作。半導體開關可以切換ON與OFF，卻無法切換連接的電路。所以S₁這個切換電路的開關，在半導體電路中是由「切換1'的ON與OFF」與「切換1"的ON與OFF」這2個半導體開關構成，也就是使用先前說明過的H橋來建構半導體開關。在上圖(b)中，若S₁與S₄為ON，則電流往右流動；若S₂與S₃為ON，則電流往左流動。這樣便可做到與切換電路之開關相同的效果。此時電阻的電壓與電流如下圖所示。

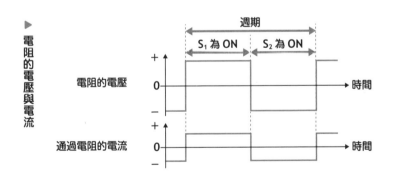

上述方式可以將直流電轉變成交流電，但電阻的電壓與電流並不是正弦波。這種交流電的波形稱作**方波**。如果希望逆變器輸出正弦波的交流電，則必須進行**PWM控制**（**參照** ⑩）。經高速的PWM控制後，可以讓馬達的電流波形逼近正弦波。

前面說明的是**將直流電轉換成單相交流電的原理**。如果要驅動三相AC馬達運轉，必須將電源轉換成**三相交流電**（**參照** ㉙）才行。將直流電轉換成三相交流電時，需要使用下圖左方的**三相橋**。上下開關為一組，同一組開關交互開啟。例如當S₁為ON時，S₂為OFF。這3組開關的ON與OFF可分別產生一個交流電波形，而這3個交流電波形會兩兩錯開1/3個週期。這樣便能夠輸出三相交流電，驅動三相交流馬達。此外，還能以PWM方式控制電流，輸出正弦波的三相交流電。

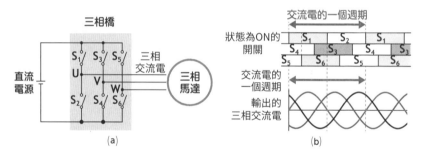

▲ 三相逆變器的結構與運作方式

工廠中到處都是馬達

　　顯而易見，工廠內有許多馬達。接著就讓我們來介紹其中幾種馬達。

　　車床可以轉動欲加工的材料，再從旁用刀刃對材料進行切削。改變馬達的轉速便可調節車床的切削程度，師傅會一邊加工，一邊微調馬達。如果是自動控制的車床，則需要電腦與高精度的伺服馬達協助操控。

　　機械手臂可說是馬達的聚合體。要讓一台機械手臂自由轉動，至少需要6個馬達，使手臂與手腕這2個部分，分別能做出旋轉、前後移動、上下移動等動作。可動關節也需要裝設馬達，這些馬達必須尺寸小、重量輕，但要能輸出很大的轉矩。

　　我們不只要控制機械手臂移動到特定位置，還要控制它依照特定路徑（軌跡）移動，因此需要高精度的伺服馬達。依照需要的性能，可能還要分別使用齒輪馬達、直驅馬達等等。

　　在工廠內**移動物體**時也會用到馬達。起重機會用感應馬達移動或吊起物體。為了避免被吊起的物體晃動，需要進行細微的控制。起重機的啟動、停止頻率很高，因此有時會使用馬達溫度不容易上升的繞組型感應馬達。

62 瞭解逆變器裝置的運作機制

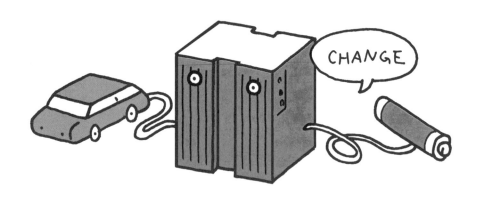

前 面說明了什麼是逆變器電路，接著來說明**逆變器裝置**。逆變器裝置是使用逆變器電路的電源裝置，可改變電力的形狀。逆變器裝置可輸入任何形狀的電力。如果**輸入的是直流電**，可直接輸入至逆變器電路。電動車使用的是電池等直流電，就是使用這種逆變器裝置。如果**輸入的是交流電**，則需要整流器電路。整流器電路可以將交流電轉換成直流電，一般家電接的是單相交流電，必須使用單相整流器電路。

另外，逆變器的輸出也分為許多種類，包括單相交流、三相交流，以及大容量馬達所使用的六相交流等**多相交流電**。也就是說，只要有對應的逆變器裝置，不管輸入的是什麼樣的電力，逆變器裝

置都可輸出任何一種交流電。另外，小型馬達的逆變器常與馬達合為一體，外觀上看不出有沒有使用逆變器。

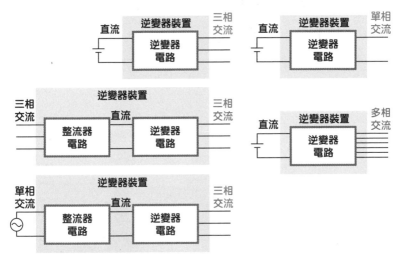

▲ 逆變器裝置的輸入與輸出

逆變器不只用於驅動馬達，也可作為交流電源使用。太陽能板發電所產生的電力為直流電，因此需要透過逆變器轉換成交流電。風力發電在風速改變時，發電頻率也會跟著改變，因此需要透過逆變器將電力轉換成固定頻率再送出。這種逆變器可輸出固定頻率與電壓的電力，稱作**CVCF逆變器**。CVCF為**Constant Voltage Constant Frequency**之簡稱。

63 瞭解回饋控制的運作機制

我們在⑥中已經提過,同步馬達需要透過回饋控制方式來控制其運轉。這裡讓我們進一步說明什麼是回饋控制,並介紹其他會用到回饋控制的馬達。

充分瞭解馬達的特性,施加電壓於端子,就能控制馬達依照設定的轉速與轉矩轉動。不過,如果負載的狀態出現變化,便無法保證馬達能以相同的狀態運轉。所謂負載狀態的改變,例如「風扇轉動時,突然吹來逆向的風」、「行駛時壓到石頭」等等。此時,馬達的轉矩沒有改變,負載的轉矩卻會突然改變,因此轉速也會跟著變化。這就是所謂的**外部干擾**。

如果希望在出現外部干擾的情況下,馬達仍然能以相同狀態運

轉，就需要用到**回饋控制**。回饋控制中的感應器可檢測馬達的某種狀態，再發出訊號調節馬達的運轉。

舉例來說，如果想讓馬達的轉速保持在固定數值，就必須使用**轉速感應器**。轉速感應器可將馬達轉軸的轉速轉變成訊號發出。當外部干擾造成轉速出現些微變化時，感應器可檢測出這些變化，再適當地調節轉矩，使轉速回復到設定的轉速。也就是說，感應器的檢出值可回饋至控制器，使實際值與設定值的差歸零。

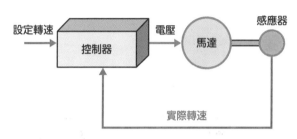

▲ 轉速的回饋控制

控制馬達轉矩時，必須控制其電流。此時便需要使用**電流感應器**，將電流訊號回饋給控制器。因為會用到「轉矩與電流成正比」這個馬達的性質，所以需要透過對象馬達的轉矩常數來控制該馬達。

馬達的控制大都需要用到逆變器或截波器。不過，截波器是控制電壓的電路，而逆變器在轉速保持固定的情況下，控制的也是電壓，兩者皆無法直接控制電流。所以需要電流感應器回饋電流的數值，再依照電流的差異調節電壓，才能改變電流至適當的數值。

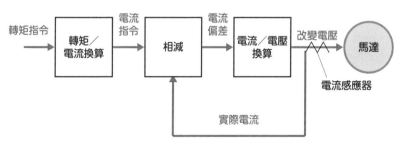

▲ 控制馬達轉矩

這種回饋控制稱作**閉環控制**。相對於此，非透過回饋的控制作用，稱作**開環控制**。因為不存在「控制迴圈」，就好像打開的環一樣，所以這麼稱呼。

回饋控制
依溫度控制加熱器的ON與OFF

開環控制
經過一定時間後就改變燈號

▲ 回饋控制與開環控制的例子

64　制動器上的馬達

　　電流通過馬達時會產生轉矩，而在馬達轉動物體的同時，也會產生**感應電動勢**。有感應電動勢就相當於有外力在轉動馬達轉軸，使馬達能發電。馬達的原理與發電機完全相同（**參照** ⑦ ）。接上電池就能當作馬達使用，而從外部轉動馬達轉軸，就能當作發電機為電池充電。

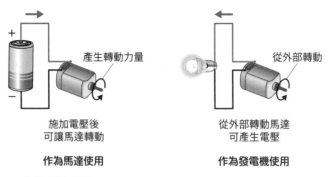

施加電壓後
可讓馬達轉動

作為馬達使用

從外部轉動馬達
可產生電壓

作為發電機使用

▲ **馬達與發電機**

　　有些馬達確實可作為發電機使用，例如某些**制動器**。電車車廂的行駛動力來自馬達，而馬達的電力來自電源。

　　假設在車廂行駛的過程中，將馬達的外接線路從電源切換到電阻。那麼就不會有電流通過馬達，馬達也不會產生轉矩。不過，車廂仍會以一定速度繼續前進。車廂前進時會轉動馬達，使馬達產生**感應電動勢**（**參照**⑦）。也就是說，此時的馬達會轉變成發電機，而感應電動勢會產生電流，通過電阻。

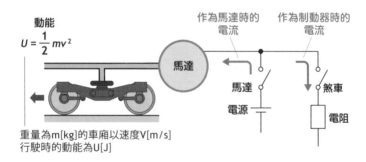

動能

$$U = \frac{1}{2}mv^2$$

作為馬達時的
電流

作為制動器時的
電流

馬達

馬達

電源

煞車

電阻

重量為m[kg]的車廂以速度V[m/s]
行駛時的動能為U[J]

▲ **電制動**

在發電狀態下，馬達會**將動能轉換成電能**，因此會產生反方向轉矩，即**停下車廂的轉矩**，發揮制動的功能。

制動的動力來自能量轉換。剛煞車時，車廂仍在前進，因此保有動能。由**能量守恆定律**[※16]可以知道，如果不把動能轉換成其他能量，車廂就不會停下來。此時，如果電阻有電流通過，電阻便會發熱，**將動能轉換成熱能**。所以這種制動器也叫做**電制動**或**電阻制動**。常見的摩擦制動，也是透過摩擦將動能轉換成熱。

將馬達用於制動時，產生的電能可直接為電池充電，也可回流至電源線，用在其他需要電力的地方，這個過程稱作**再生**。電車、電動車都會使用**再生制動**，以有效運用能量。

※16　物理學的定律。能量即使轉換型態，轉換前後的能量總量也不會改變。

65 啟動馬達的技術

不管是DC馬達或是AC馬達，只要用電力電子元件（ **參照** ㉟）控制，就能讓它緩慢啟動、逐漸加速。不過，如果馬達沒有直接接上電源，中間還有開關的話，就得在馬達的啟動上多下一點工夫。

開關轉為ON的瞬間，馬達與電源會直接相連。也就是說，電源的電壓會直接施加在馬達上。不過，此時馬達還不會轉動。亦即感應電動勢為零。此時通過馬達的電流會碰上的電阻，僅有電阻很小的線圈，因此電流會相當大。這個電流叫做**啟動電流**。

一般來說，啟動電流為正常運轉需要之電流的**5～10倍**。如此大的電流會在啟動的瞬間通過馬達。

▼ 馬達的啟動方式

馬達種類	啟動方式	概要	電路圖範例
DC馬達	切換電阻 （notch）	與電阻串聯，啟動時將開關切換至電阻	
AC馬達	Y－Δ啟動	三相馬達於啟動時，接線為Y形接線，加速後切換成Δ形接線	
	啟動補償器	以單繞組變壓器切換電壓	
	電感方式	在電源與馬達之間接上電感	
	緩啟動器	使用閘流體，讓電壓在啟動時緩慢上升	

一定規模以上的馬達，啟動電流會對電源或是配線造成不良影響。舉例來說，馬達啟動的瞬間，與馬達相連之電源線的電壓會下降。這會造成燈光突然暗下來，或者其他機器暫停運轉。一般會使用**啟動裝置**來避免這些不良影響。不同種類的馬達，適用的啟動裝置也不一樣。

啟動裝置**可以在啟動馬達時，降低施加在馬達上的電壓**。例如僅在啟動時讓機器與馬達串聯、改變馬達內部的配線方式等等，方法有很多。各種方法如第195頁的列表所示，詳細情況請參考專業書籍。

啟動電流下降時，啟動時的轉矩也會下降，降低開始運轉時的加速力道，讓馬達緩慢加速。也就是說，啟動時機械所承受的衝擊較低。這是啟動裝置降低啟動電流所產生的另一個效果。另外還有所謂的**全電壓啟動方式**，此為不使用啟動裝置的啟動方式。

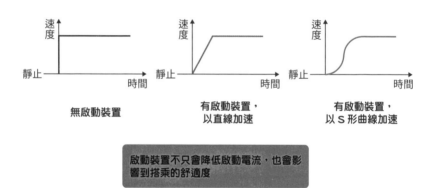

▲ 啟動裝置的有無與加速方式

有時候我們會想確認馬達實際運轉時，輸出為多少W，效率為多少%。

只要有測定器，就能測出馬達的電流與消耗電力是多少。如果可以從外部看到轉軸，便可用光學式轉速計測定馬達的轉速。較難測定的是**馬達的輸出**。如同前面內文提到的，馬達的輸出可由**轉矩×轉速**求出。知道運轉中的馬達轉矩是多少，就能求出它的輸出是多少。

運轉當中的馬達會轉動負載。這表示馬達轉動負載的力量（**轉矩**），與負載阻止馬達轉動的力量（**負載轉矩**）相等。馬達會輸出扭動轉軸般的力量。如下圖所示，馬達製造工廠在測定馬達的轉矩時，會在馬達與制動器之間設置一個可以扭轉的物體。這個東西可以檢出扭轉力量的大小，以測定馬達的轉矩。所以在測定轉矩時，馬達與負載之間需要能檢測轉矩的**扭轉檢測裝置**。

不過，除了特殊用途的馬達之外，一般馬達不會有這種為了檢測轉矩的扭轉檢測裝置。要測定實際運轉中的馬達轉矩，幾乎是不可能的任務。

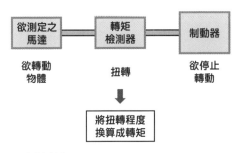

▲ 測定轉矩

INDEX

11～15劃

16～20劃

〈作者簡歷〉

森本雅之

MoriMotoR Lab.代表。工學博士。電氣學會會員。

日本東海大學前教授（2005年～2018年）。

曾於三菱重工業負責馬達與電力電子學的研發工作（1977年～2005年）。

著作包括《馬達設計入門（入門　モータ設計）》、《開始學習電力電子學（はじめてのパワーエレクトロニクス）》、《馬達控制入門（入門　モータ制御）》（皆由森北出版），中文譯作則有《世界第一簡單馬達》（世茂出版）、《電力電子學圖鑑》（東販出版）。

超圖解馬達技術入門

從馬達的種類、運轉原理到應用方式，
一本完整掌握！

2024年1月1日初版第一刷發行

作　　者	森本雅之	
譯　　者	陳朕疆	
主　　編	陳正芳	
發 行 人	若森稔雄	
發 行 所	台灣東販股份有限公司	
	＜網址＞http://www.tohan.com.tw	
法律顧問	蕭雄淋律師	
香港發行	萬里機構出版有限公司	
	＜地址＞香港北角英皇道499號北角工業大廈20樓	
	＜電話＞（852）2564-7511	
	＜傳真＞（852）2565-5539	
	＜電郵＞info@wanlibk.com	
	＜網址＞http://www.wanlibk.com	
	http://www.facebook.com/wanlibk	
香港經銷	香港聯合書刊物流有限公司	
	＜地址＞香港荃灣德士古道220-248號	
	荃灣工業中心16樓	
	＜電話＞（852）2150-2100	
	＜傳真＞（852）2407-3062	
	＜電郵＞info@suplogistics.com.hk	
	＜網址＞http://www.suplogistics.com.hk	

ISBN 978-962-14-7530-5

日文版工作人員

插圖　　　加納 德博
內文設計　上坊 菜々子

**Original Japanese Language edition
"MOTOR, MAJIWAKARAN" TO
OMOTTATOKINI YOMUHON
by Masayuki Morimoto**

Copyright © Masayuki Morimoto 2022
Published by ohmsha, Ltd.
Traditional Chinese translation rights
by arrangement with Ohmsha, Ltd.
through Japan UNI Agency, Inc., Tokyo

TOHAN